结绳手册（第2版）
手把手教你打绳结

U0241847

（英）戴斯·帕森 著

满 颖 译

北京·旅游教育出版社

结绳手册（第2版）

手把手教你打绳结

（英）戴斯·帕森 著

满 颖 译

北京·旅游教育出版社

LONDON, NEW YORK, MUNICH,
MELBOURNE, DELHI

Original Title: Knots Step by Step
Copyright © 2012, 2021 Dorling Kindersley
Limited

图书在版编目（CIP）数据

结绳手册 / （英）戴斯·帕森著；满颖
译. — 2版. — 北京：旅游教育出版社，
2024.1
　书名原文：knots step by step
　ISBN 978-7-5637-4657-6

Ⅰ. ①结⋯ Ⅱ. ①戴⋯ ②满⋯
Ⅲ. ①绳结—手工艺品—制作—手册 Ⅳ.
①TS935. 5-62

中国国家版本馆CIP数据核字(2024)第005138号

结绳手册（第2版）

（英）戴斯·帕森 著
满 颖 译

北京市版权局著作权合同登记章图字：
01-2019-0391号

策　划：施云峰
责任编辑：施云峰

出版单位：旅游教育出版社
地　址：北京市朝阳区定福庄南里1号
邮　编：100024
发行电话：（010）65778403 65728372
　　　　　 65767462（传真）
本社网址：www.tepcb.com
E－mail：tepfx@163.com
排版单位：北京旅教文化传播有限公司
印刷单位：鸿博昊天科技有限公司
经销单位：新华书店
开　本：880毫米×1230毫米　1/48
印　张：8.25
字　数：80千字
版　次：2024年1月第2版
印　次：2024年1月第1次印刷
定　价：68.00元

（图书如有装订差错请与发行部联系）

www.dk.com

目录

6　前言
7　关于本书

8　入门知识篇
10　绳索构造
12　绳索材料
14　绳索保养
16　绳索储存
18　术语和工具
20　打结技巧

26　制动绳结篇
28　单结
30　活单结
32　双重单结
35　实用航海绳结
38　八字结
40　活八字结
42　绳尾结
44　防脱结
47　苦力结
49　猴拳结
54　皇冠结
56　索头结
58　桶梁结
61　扶手结
72　握索结

78　捆绑绳结篇
80　同心结
82　水手十字结
85　缩帆结
87　活缩帆结
90　双重活缩帆结
92　死绳结
94　平结
96　外科结
99　绿松石龟背结
102　包装结
105　双套结
107　双套结——第二种打法
109　缩紧结
111　系木结
114　长蛇结
117　打花箍——三股四圈
125　实用家居绳结
128　打花箍——四股五圈
133　打花箍——五股四圈

138 接结篇
140 接绳结
142 穿插接绳结
144 双重接绳结
146 绳纱结
148 单花大绳接结
150 亨特结
152 系索结
155 阿什利结
157 渔夫结
160 双重渔人结
165 **实用攀岩绳结**
168 血结
172 水结

173 索结篇
176 三套结
178 反三套结
180 旋圆双半结
182 帆脚索
184 渔人索
187 **实用露营绳结**
190 双合结
192 栓扣双合结
194 缩绳结
196 兵船缩绳结
199 杠杆结
201 牧童结
203 车夫结
205 鱼钩结
207 弯头结
209 帕洛玛尔结
211 四方编结
215 十字编结
219 **实用园艺绳结**
222 展立结
225 冰柱结
228 普氏结
230 巴克曼抓结
232 克氏结
234 意大利结
235 反意大利结

236 环结篇
238 阿尔卑斯蝴蝶结
240 称人结
242 称人结——第二种打法
245 双套称人结
248 防脱称人结
249 八字环结

251 穿环八字结
253 单结绳环
255 双重单结绳环
257 双重单结滑动环
259 双重称人结
262 葡萄牙称人结
265 西班牙称人结
267 钓鱼结
269 单圈八字环结
271 英式环结
273 双重英式环结
275 **实用垂钓绳结**
278 血滴结
280 比咪尼缠绕结
283 织网的基本方法
285 吊货网结
287 桅杆结

290 辫绳和花式编绳篇
292 活单结
294 四股平编
296 五股平编
298 六股平编
300 七股平编
303 **实用礼物绳结**
306 海洋编垫
311 椭圆形席垫编法
316 链式编绳
319 四股圆编
321 八股方编
324 圆冠编绳
327 六股圆冠编绳
330 方冠编绳

332 绳尾插接与绳头捆扎篇
334 反穿结
342 牛眼结
347 串联结
364 接头锥化法
371 **实用套马绳结**
374 普通绳头结
376 法式绳头结
379 帆工绳头结
383 缝扎绳头
387 捆扎结
390 缝扎与捆扎结

394 术语表
396 致谢

前言

　　有史以来，绳结一直被人们广泛使用。时至今日，它依然是一种宝贵的资源。学习打绳结并不难，而且很有趣，只需简单的材料便可以开始。

　　本书介绍了多种绳结打法供人们选择，不仅实用，而且有指导意义。它们中大部分是具有特殊用途的绳结，其余的是纯装饰性绳结，还有一部分绳结用途广泛，可适用于不同的方面。你会发现，对于所有绳结来说，只要打法正确，它们都很安全牢固。你还会发现无论是在日常生活中，还是在诸如攀岩、航海和野营的活动中，绳结都非常实用。

　　掌握任何技能都需要从了解基本知识入手，绳结也不例外。这要求你对绳结的基本手法、绳索的不同类型和用途及其专门术语有所了解。在制作复杂绳结之前，你不妨先用本书所附的绳子试着打几个简单的绳结；像缩帆结（见第85—86页）和单结（见第28—29页）这样的传统绳结都是不错的入门级绳结。

　　学习打新绳结时，不要急于求成，可以根据情况适当停下来做一些调整，最重要的是从中获得乐趣！

戴斯·帕森

关于本书

首先，阅读每章开头部分的文字概述来了解你所需的绳结类型；其次，每种绳结介绍开始部分的图标和文字都可以帮助你简化搜索过程。一旦你找到所需的绳结时，便可按照说明一步一地步地学习打结。本书同时还介绍了关于绳索、使用工具以及最适合航海和攀岩等运动的绳结打法等方面的信息。

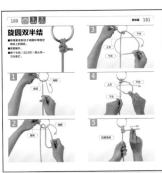

按照绳结系打顺序逐步示范

每种绳结打法的书页都是以该绳结的功能特点概述开头，采用逐步图解加文字说明的方法来清晰地展示绳结的系打过程。

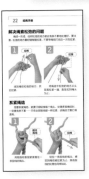

入门知识篇

该部分内容涉及书中介绍的绳结所需的材料和基本技巧。

实用绳结篇

这部分介绍了六种最适用于园艺或垂钓等活动的绳结打法。

图标

这些图标分别代表每种绳结最适用的活动种类

 普通　　 垂钓　　 攀岩

 航海　　 露营　　 装饰

入门
知识篇

对于特殊作业而言，绳索种类的正确选择是高效系打绳结的关键。本章详细说明了绳索因构造和组成的不同导致性能的不同，提出了关于绳索储存和保养方面的建议，并介绍了一系列绳结的基本术语和技巧。

绳索构造

制作绳索时，首先要将纤维纺成纱线，然后将纱线扭搓成股线或编成辫绳，有时为包芯辫绳。整个制作过程会在一定程度上影响绳索的质量。

三股绳

在三股绳的制作上，首先将纤维纺成纱线，然后将纱线扭搓成三股线绳，最后再将三股线绳扭搓到一起形成绳索。每一次扭搓线绳时，方向一定要与上一次扭搓的方向相反。这样做是为了产生摩擦，从而使所有股线都能紧紧贴合在一起。

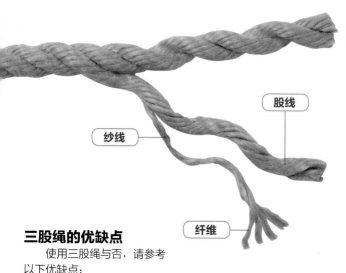

股线

纱线

纤维

三股绳的优缺点

使用三股绳与否，请参考以下优缺点：

✓ 坚固灵活。

✓ 容易插接（见第334—363页）。

✓ 传统船只的最佳索具。

✓ 装饰性绳结的不错选择。

✗ 容易松解，因此绳头要做固定处理以防止其磨损（见第14页）。

✗ 盘绕时容易形成扭结。

✗ 对于某些作业来说拉力可能过大，容易松动。

辫绳

最常见的辫绳为包芯辫绳，绳芯是由人造纤维纱丝编织或扭搓而成的一条线轴，外部有辫绳包裹。通常绳芯所使用的纤维与外部的纤维不同。它们大多用来执行特殊的作业。

外层

绳芯

辫绳的优缺点

使用辫绳与否，请参考以下优缺点：

☑ 表面光滑、灵活度好。

☑ 用途广泛。

☑ 拉力小，不像三股绳容易形成扭结。

☑ 安全，尤其适用于登山和攀岩运动。

☒ 不易插接，有些根本无法插接。

鱼线

■ 鱼线又细又滑——需要系打特殊的绳结，通常要绕很多圈（见第17页）。

■ 将鱼线弄湿有助于固定鱼线上缠绕的圈结，使之变紧，不易松开。

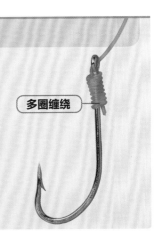

多圈缠绕

绳索材料

　　20世纪下半叶以前，所有绳索都采用天然植物纤维作材料。而这以后，人造纤维取代了天然纤维成为绳索的主要原材料。如今，大部分绳索都由人造纤维制成。

天然绳索

　　如今使用最广的天然绳索材料是棉、剑麻和马尼拉麻。它们虽然外观漂亮，但容易腐烂且比人造纤维耐磨性差。

棉

　　棉属植物种子纤维。它们可用以制作柔软、光滑的绳索。

- 伸展性强，手感柔软。
- 主要用于装饰。
- 一般用于制作动物缰绳。

剑麻

　　剑麻纤维比较坚硬，属于龙舌兰科植物。

- 价格便宜但很粗糙。
- 打结结实。
- 潮湿环境下可涂抹防水剂用来防潮。

马尼拉麻

　　马尼拉麻纤维来源于麻蕉植物。

- 最结实的天然绳索之一。
- 和棉花、剑麻相比不易腐烂。

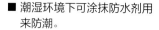

人造绳索

人造纤维制成的绳索比天然绳索结实，抗腐蚀性强。最常见的人造纤维是聚丙烯、聚酯、尼龙。

聚丙烯

聚丙烯成本低，形式多样。

■ 阳光直射下容易断裂，需要进行抗紫外线处理。

■ 比其他人造纤维容易磨损。

■ 可在水中漂浮。

■ 比较光滑——需要把结打牢。

聚酯纤维

聚酯纤维制成的绳索是最好的户外绳索之一。

■ 耐磨——防磨损、抗日晒。

■ 和尼龙一样结实，但拉力较差。

■ 如果购买拉伸处理过的聚酯纤维绳，在使用时它的拉力会降到最小。

尼龙

尼龙纤维是最早用于制造绳索的人造材料。

■ 具有一定弹性——尤其减震效果好。

■ 适合制作锚绳和攀岩绳。

■ 时间久了会变硬。

■ 抗紫外线性能好于聚丙烯，但比聚酯纤维要差。

绳索保养

　　良好的保养不仅能使绳索结实耐用，还能延长绳索的使用寿命。倘若绳索用于登山或游绳下降等有一定危险性的运动中，那么绳索保养就是一项至关重要的安全措施。

捆扎绳头

　　三股绳和辫绳的绳头除非按照绳头结的方法来捆扎，否则将会散开或磨损。在处理绳头时，可以采用临时打结法，也可以用缠线进行捆扎，使之永久固定。

永久性绳头结

　　当系打永久性绳头结时，请牢记以下几点：

■ 绳头结的长度至少是绳索直径的1.5倍。

捆扎绳头使用的缠线

■ 普通的绳头结（见第374—375页）能很快打好，适用于三股绳和辫绳。

■ 帆工绳头结（见第379—382页）适用于三股绳。

■ 对于辫绳来说，缝扎绳头结（见第383—386页）比较适合。此结可将绳芯和外绳缝扎在一起。

临时性绳头结

　　倘若没有足够的时间系打永久性绳头结，可以采用临时性绳头结。以下全部是制作临时绳头结的方法：

自粘胶带

■ 用自粘胶带包裹绳头。

■ 用细缠线系打缩紧结（见第109—110页）。

■ 将少量速干胶涂抹在绳头处。

■ 用火烤人造绳索的端头使之熔化。注意，不要灼伤手指。

绳索的护理

应该尽量减少绳索的磨损，例如为使绳索表面变得柔软光滑而不断对其进行揉搓所造成的磨损。

保养绳索

以下为绳索保养妙招：

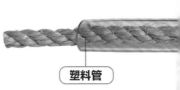

- 为防止磨损，可在绳索经常接触粗糙表面的部位套上塑料管予以保护。

塑料管

- 倘若绳索变旧，应该避免使之受力。

刷洗绳索

- 绳索脏了，用刷子在添加了洗涤液的水中擦洗（见左图）（图：清洗绳索）。洗涤过后，将绳索盘起（见第16—17页），悬挂晾干。

- 天然纤维制成的绳索一旦弄湿，千万不要收起来，因为这样很容易腐蚀绳索。

绳索变质

- 绳索纱线或纤维一旦出现磨损或断裂，就说明绳索变质了。

- 顺着绳索纹路将之解开，检查是否有沙砾造成绳子从里面破损的情况。

- 一旦绳索变质，就不要再用其进行任何作业或活动，以免造成人身伤害和财产损失。

破损的纱线

绳索储存

　　当绳索不用时，将绳索整齐地盘起以防止缠绕，然后悬挂在干燥的地方。一定确保天然绳索在储存前彻底晾干。

盘绕绳索

　　仔细地将绳索盘成圆环。根据绳索构造，顺着绳索的扭劲盘绳，边盘边顺。盘好后，用一根细绳将盘好的绳环系拢以防缠绕。

辫绳的盘绕

　　将辫绳盘成 8 字形环圈可以保正左右手绳环盘扭均匀。

三股绳的盘绕

　　盘绕三股绳时应按照顺时针方向打环。

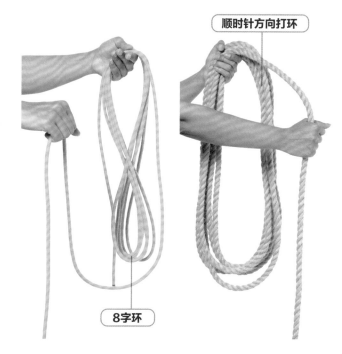

顺时针方向打环

8字环

制作盘绳之活制动绳结

在绳索的作业端系打一个止索结用以固定盘好的绳环。此结还可作悬挂绳索之用。

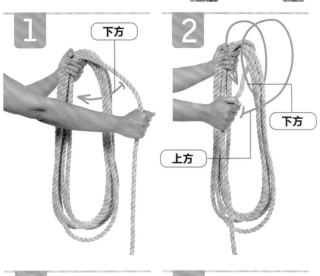

1 下方

2 下方 上方

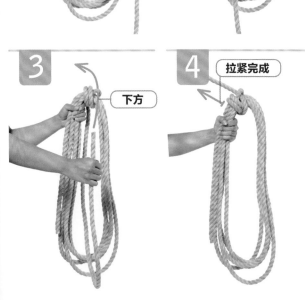

3 下方

4 拉紧完成

术语和工具

要系打本书中介绍的绳结，就必须对一些重要术语以及怎样借助于专门工具系打复杂绳结有所了解。

绳索的端头

经常用以制作绳结的一端称为作业绳头，闲置的另一端叫作绳尾。

绳尾

绳头

塑造绳索形状

绳索可以被做成各种各样的形状，例如绳耳、绳圈、交叉绳圈等。这些形状对制作不同的绳结大有帮助。

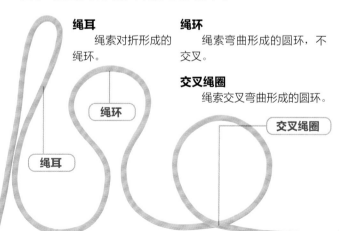

绳耳
绳索对折形成的绳环。

绳环
绳索弯曲形成的圆环，不交叉。

交叉绳圈
绳索交叉弯曲形成的圆环。

绳耳

绳环

交叉绳圈

围绕物体打环

当作业绳头在另外一根绳索或物体上绕动时，这个动作叫作打环。

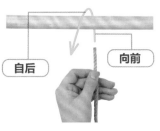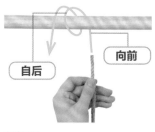

单转弯

单转弯是指绳索只绕经物体一侧弯曲形成半卷，也叫作单弯。

单转环

单转环由两个单转弯组成，或指绳索绕经物体两次而形成的圆环。

实用工具

简单的专门工具会使绳结制作轻松许多。这些工具在杂货商店或互联网上都可以买到。

手掌顶针与缝针

一种手套式的助力工具和粗大缝针。手掌顶针可以轻松地将缝针推入粗大的绳索中。

胶带

可以临时快速地捆扎绳头。

尖刀

一种切断或修剪绳索的重要工具。

瑞典硬木钉

中空的钉身很容易插入正在进行插接的绳索中。

解索针

一种用来分离绳结各条股线的纯金属工具。

织网梭子

一种使用细线作业的织网工具。

打结技巧

无论是简单还是复杂的绳结，掌握一些系打绳结的基本技巧是轻松快捷制作绳结的必备技能。

预估绳索长度

想要知道一个绳结需要预留多长的绳子，先要比划着打一个宽松的绳结，但一定要按照实际穿插次数比划，宁可预估的绳索长度超出实际所需，也不要不够用。

宽松的绳弯

较长绳段的处理

复杂绳结需要的绳子会很长，但作业绳头过远不便操作，这时可以试着将绳子对折弯出绳耳（见第 18 页）就方便多了。

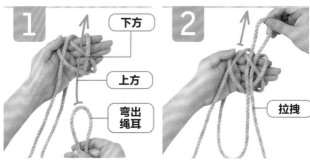

下方

上方

弯出绳耳

拉拽

将作业绳头处的绳子对折形成绳耳，然后再穿回来。

插入绳耳后，将剩余的作业绳头拉起即可。

拆解绳结与还原绳索

有些绳结和大多数绳尾插接（见第 334—363 页），都是由股绳的各条股线而不是整条绳子制作而成。这样的股绳可以被拆解成单股，也可以被还原成一条整绳。

拆解股绳

拆解股绳时，先用胶带将各条股线的绳头固定，然后再开始拆解。一定要顺着股线扭搓的纹路拆解。

胶带固定的绳头

逐步将股绳拆解成一股一股的股线。

已经分开的股线

还原股绳

当还原拆解好的股绳时，试着按照原来股线的纹络搓捻。

按照原来的纹络搓捻

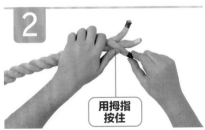

用拇指用力按住一条股线使之归位后再搓捻下一条股线。

用拇指按住

解决绳索松弛的问题

　　绳结一形成，任何松弛的地方都应有条不紊地处理好。要注意，松弛的地方最好随做随拉紧，不要等绳结打完后一次性拉紧。

　　找到绳结松弛的地方，然后拉紧。

　　将绳结中松弛的地方从头至尾拉紧一遍，直至拉到绳头为止。

系紧绳结

　　想要系紧绳结，就要仔细轻拽每个绳头。处理多股绳结时，一定要有条不紊——只有全部股线都一样拉紧，该绳结才算打得漂亮。

　　用拇指和食指紧紧握住一条股线的绳头。

　　轻拉一条股线的绳头，感觉到绳结被拉紧为止。其他股线的处理也同样如此。

系打半结

　　打半结是在复杂的绳结制作过程中的一个简单动作。通常半结要围绕物体系打，例如柱子或绳索。

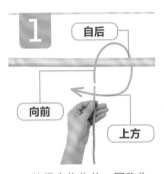

自后

向前

上方

　　使绳索绕物体一圈称为半结。

拉拽

　　绳索的一头与另一头交叉可以使半结固定。

形成交叉圈

　　交叉圈和半结一样，是多种绳结的基础。将绳子两端分别置于双手的拇指和其余四指之间，然后搓动一端使之从上方或下方与另一端交叉，即可形成绳圈。

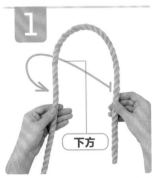

下方

　　在拇指和其余手指间搓动绳子的一端，它自然就会转到绳子另一端的下方。

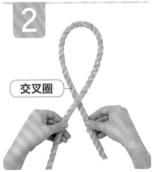

交叉圈

　　绳子转到另一端下方时会与上端的绳子形成交叉绳圈。

双倍编结

通常绳结还能进行双倍乃至三倍编打，方法是用额外的股线按照第一个绳结的样式进行复制性编打。编织其他股线时需要按照第一条股线的织法步骤进行，不能与之交叉。

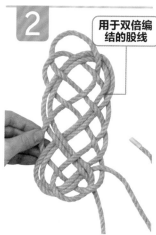

复制图案

用于双倍编结的股线

编打第一个绳结图案时，确保留出足够空间编织第二个绳结图案，然后用第二条股线接着编打。

确保进行双倍编结的股线不和第一条股线交叉。有些绳结图案还可以进行三倍甚至四倍编织。

修剪绳头

当一个绳结、绳尾插接结或是绳头捆绑结完成后可能会留有一些松垂的绳头，这时用尖刀将多余的绳头切掉即可。

修剪绳头

不要太近

不要在距离结身很近处修剪绳头，因为绳结一旦受力，可能就会散开。

绳结外形

　　系打的绳结不仅要整洁美观，还要外形匀称。这个过程被称作绳结整理。整洁的绳结不仅会更加结实，还会更加牢固。

用拇指和其余手指推拉股线使之出形。弯曲处需要扭紧。

绳子的各条股线一定要排列整齐，这样不仅能突出结构，而且增强效果。

绳索捆扎

　　绳索捆扎是指用细线捆绑一条对折长绳或两至多条并排放置的绳索的过程。历史上帆船上的固定绳索便是采用的捆扎方法，而不是采用打结或插接的方法进行处置。

绳索捆扎

制动
绳结篇

制动绳结的作用是防止绳索磨损或散开，还可以防止绳索穿过洞孔或物体而滑脱。有些制动绳结只用绳子的股线来系打，但大多数还是由整条绳子系扎而成的。

单结

■所有绳结中，打法最简单。

■是接结和圈结的基础。

■系紧后不易解开。

■也被称为拇指结。

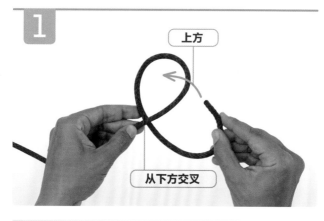

1

上方

从下方交叉

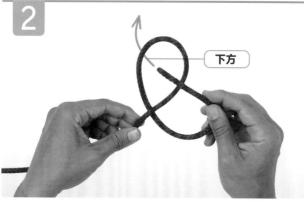

2

下方

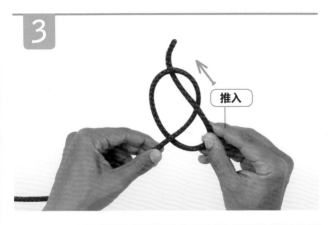

3

推入

4

拉拽

拉拽

5

拉紧完成

活单结

■一种简单的活结，可从绳子中间或绳子尾部开始系打。

■比单结容易拆解（见第28—29页）。

■只要拉拽绳环的短头便可解开。

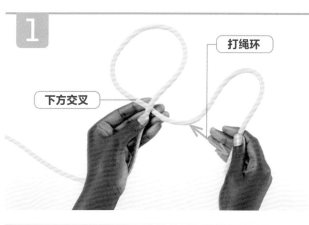

1

下方交叉

打绳环

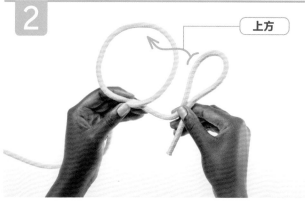

2

上方

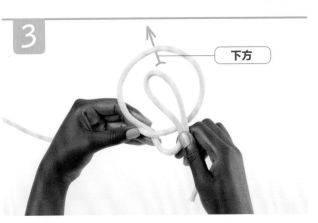

下方

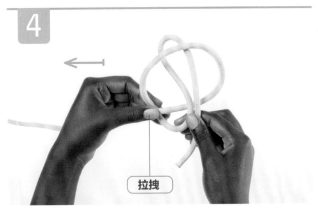

拉拽

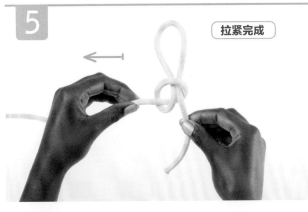

拉紧完成

双重单结

■一种稳定的制动绳结，但不易解开。

■比单结粗大（见第28—29页）。

■多打几次弯，绳结会更大。

1

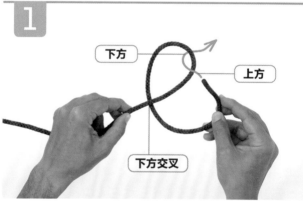

下方

上方

下方交叉

2

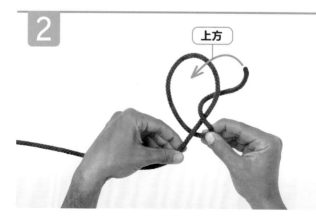

上方

3

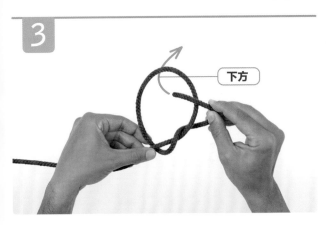

下方

4

拉拽

拉拽

5

拉紧完成

实用
航海绳结

　　一名优秀的水手只需要了解6种基础绳结的系法。这些绳结可以帮助固定和控制游艇、小划艇和其他船只上的各种绳索，包括绳子、升降索、系物短索、系船缆绳和帆脚索。

称人结 » 见第 240—241 页

✓ 万能绳结——常被称为环结之王。

✓ 系打和解开都很容易，是在船只碰垫上拴系绳索、在帆船上固定帆脚索以及套住系船桩的理想绳结。

✗ 拉紧后不易解开，并且在不受力的情况下还会松散。

同类绳结：
» 见第246—247页
双套称人结
» 见第248页
防脱称人结

八字结 » 见第 38—39 页

✓ 制动绳结中的一种，体积较大，但容易系打。

✓ 防止绳头从阻塞物中脱落。

✓ 即使受力很大，也容易解开。

同类绳结：
» 见第44—46页
防脱结
» 见第47—48页
苦力结

接绳结 » 第 140—141 页

☑ 一种快速连接两根绳子的方法。

☑ 双重接绳结可使直径不同的绳索牢固地连接在一起。

✗ 不适用于连接粗细不同的绳索。

同类绳结:
» 见第142—143页
穿插接绳结
» 见第144—145页
双重接绳结

旋圆双半结 »
见第 180—181 页

☑ 在泊船桩或系船环上拴系绳索时使用的绝佳绳结,绳结上所打的单转环大大减轻了绳索的受力程度。

☑ 即使受力也能轻松解开。

☑ 拉拽绳索时,绳索与泊船桩和系船环之间要呈90度。

同类绳结:
» 见第184—185页
渔人索

三套结 » 见第176—177页

✓ 用于在拉帆绳上拴系第二条绳子以减少受力。

✓ 也可用于在船只栏杆上固定护舷索。

✗ 如果绳结的拉线不能准确拉齐，说明绳结没有系打成功。

同类绳结：
» 见第178—179页
反三套结

缩帆结 » 第 85—86 页

✓ 捆扎成捆物品的最佳绳结。

✓ 还用于在船桅上拴系闲置船帆。

✓ 为了便于解开，可以打活结。

✗ 不可用于连接两根绳子，因为绳结可能会散开。

同类绳结：
» 见第87—88页
活缩帆结
» 见第96—98页
外科结

八字结

- 用于防止绳索在孔洞内脱滑。
- 其结构是其他几种绳结结构的基础，例如包装结（见第102—104页）。
- 能快速系打，也能快速解开。
- 用作环结的基础最为适合。

1

下方

上方交叉

2

上方

3

下方

4

拉拽

拉拽

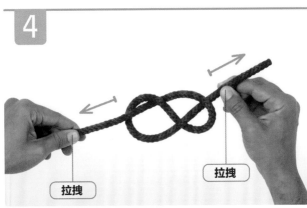

5

拉紧完成

活八字结

■一种能够快速系打的制动 绳结。

■比八字结更容易解开。 （见第38—39页）。

■为防不小心弄开，绳结一 定要系紧。

1

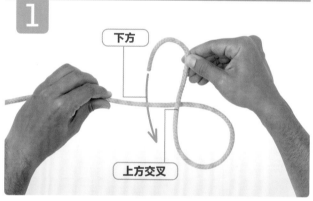

下方

上方交叉

2

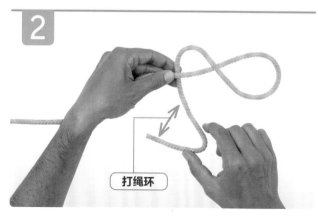

打绳环

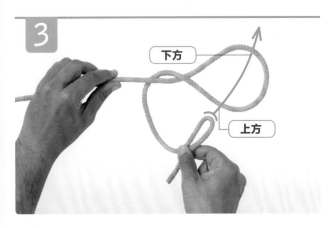

3

下方

上方

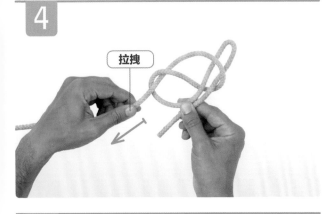

4

拉拽

5

拉紧完成

绳尾结

■在绳子需要被投掷出去时能够增加
绳头的重量。

■单结（见第28—29页）的一种变
形，众多制动绳结中最具装饰性的
绳结之一。

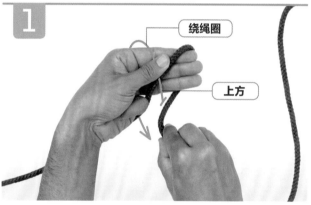

1

绕绳圈

上方

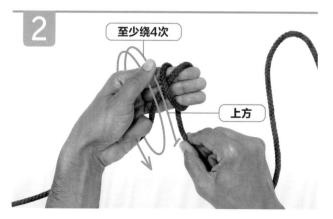

2

至少绕4次

上方

3

绕圈要密集

撤出手指

4

下方

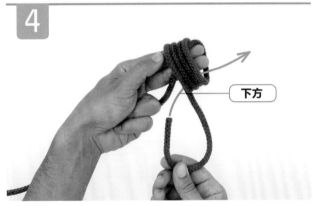

5

拉紧完成

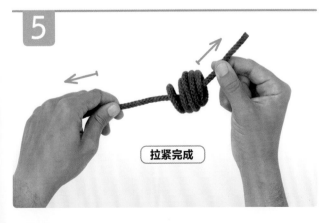

防脱结

■可以防止细绳在较大的洞眼中滑脱。

■一定要仔细地拉紧，这样才能出形。

■系紧后不易解开。

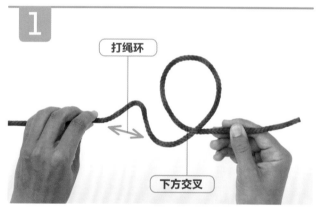

1

打绳环

下方交叉

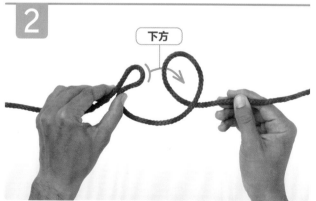

2

下方

3

上方

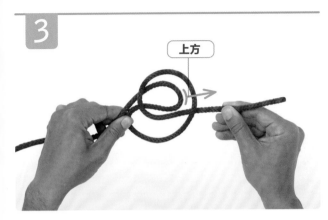

4

下方

下方

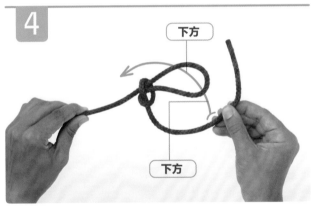

5

上方

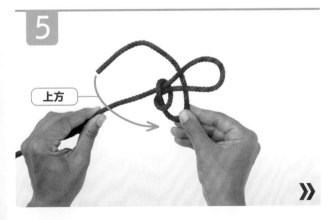

6

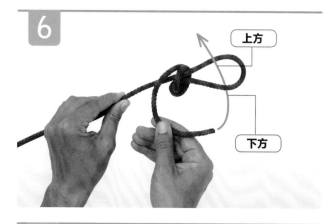

上方

下方

7

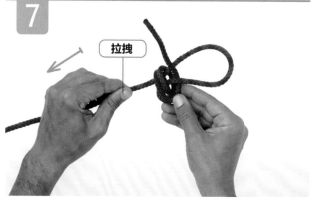

拉拽

8

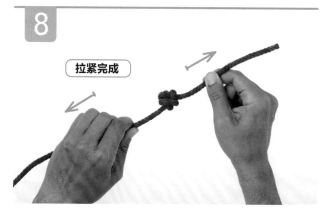

拉紧完成

苦力结

■用于防止绳子滑脱。

■开始打法与八字结（见第38—39页）类似，但多出来的绳弯会使得绳结变大，这样可以防止绳结卡死，便于松解。

■受到装卸工人和码头工人的喜爱。

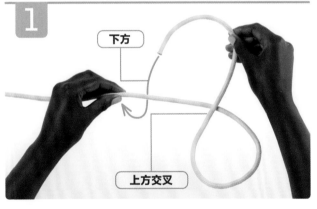

下方

上方交叉

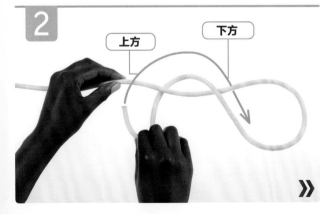

上方　　　下方

»

3

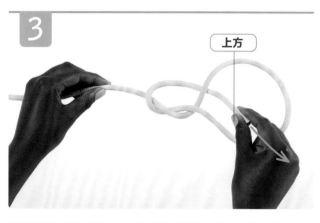

上方

4

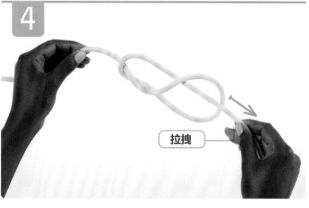

拉拽

5

拉紧完成

猴拳结

■绳子被投出去时可以额外增加
绳尾的重量。

■想要让绳结外形美观，所有编
打的绳弯一定要匀称。

■当作为钥匙链这种装饰性绳结
时，可以在绳结中放一个木球
增加重量。

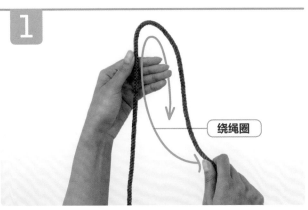

1

绕绳圈

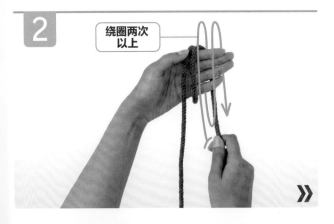

2

绕圈两次
以上

»

3

握紧绳圈底部

4

绕绳圈

5

绕三次圈

6

下方

下方

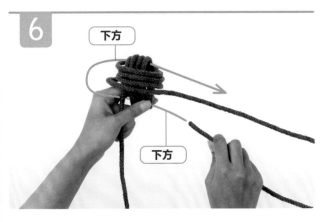

7

下方

下方

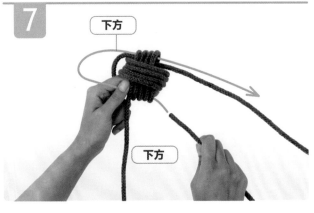

8

把木球放进
绳结中心

»

9

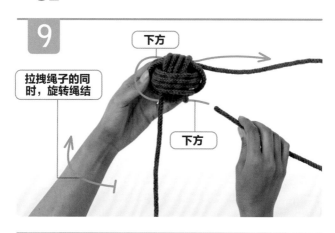

下方

拉拽绳子的同时，旋转绳结

下方

10

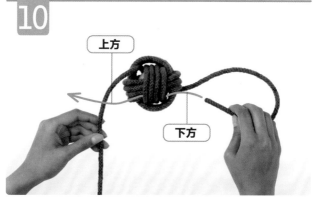

上方

下方

11

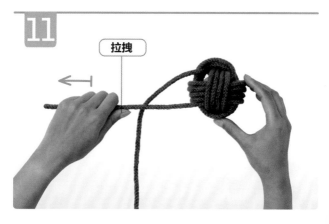

拉拽

12

松散问题的处理

拉出

拉拽

13

调整形状

拉拽

14

整理完成

皇冠结

■用于防止三股绳的两端散开。

■是编打扶手结（见第61—71页）等其他装饰性绳结的基础。

■确保股线绳头方向朝下。

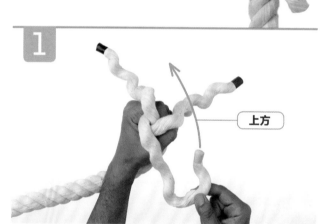

1

上方

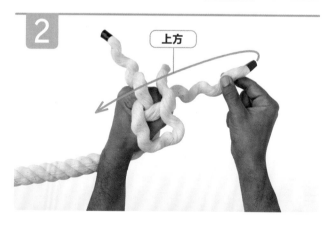

2

上方

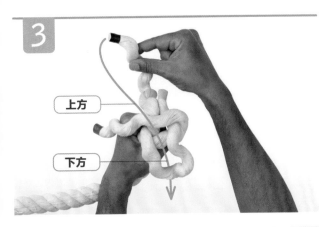

3

上方

下方

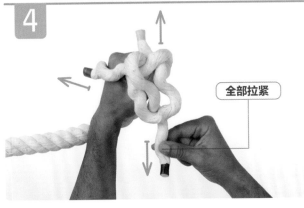

4

全部拉紧

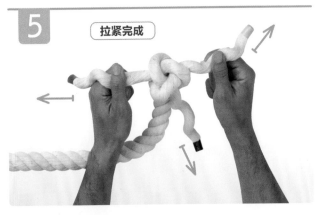

5

拉紧完成

索头结

- ■结合皇冠结（见第54—55页）的打法，可以制作扶手结（见第61—71页）等其他装饰性绳结。
- ■用作防脱结之前，需先捆扎（见第374—375页）绳头。
- ■确保绳头方向朝上。
- ■是编打桶梁结（见第58—60页）的基础。

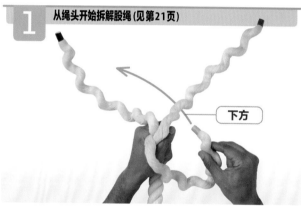

1 从绳头开始拆解股绳（见第21页）

下方

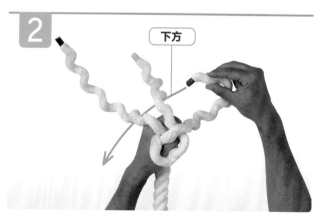

2

下方

3

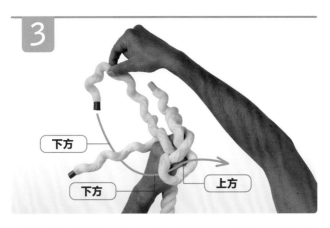

下方

下方　上方

4

全部拉紧

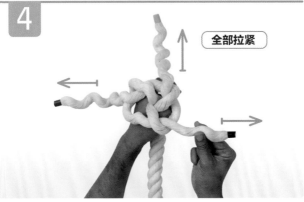

5

拉紧完成

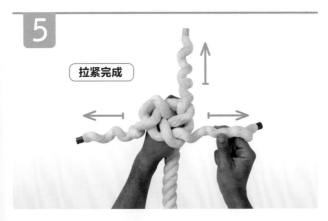

桶梁结

■一种由三股绳编打的防脱结。

■也可以使用四股绳制作。

■传统上是在木桶桶梁绳两端编打
的绳结。

1 系打一个宽松的索头结 (见第56—57页)

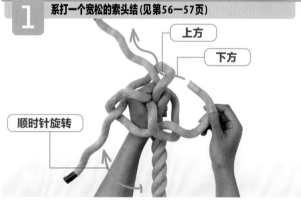

上方

下方

顺时针旋转

2

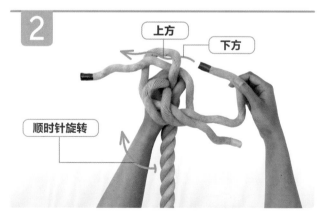

上方

下方

顺时针旋转

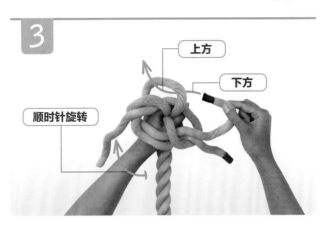

3

上方
下方
顺时针旋转

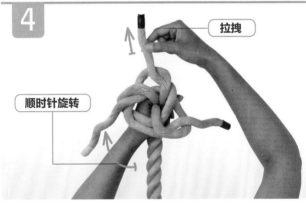

4

拉拽
顺时针旋转

5

进行第二轮编打

»

6

全部拉紧

7

全部拉紧

8

拉紧完成

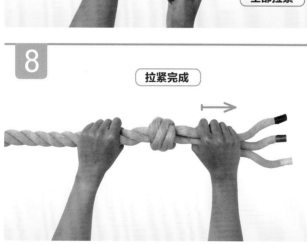

扶手结

■一种装饰性绳结，打法是在索头结
（见第56—57页）的基础上系打一个
皇冠结（见第54—55页）。

■习惯上，登船时在扶手绳两端编打的
一种绳结。

■该绳结图案可以双倍编打，但要注意
的是每条股线在编打时要和上一条保
持平行。

1 **系打一个索头结（》见第56—57页）**

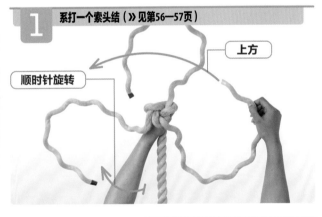

上方

顺时针旋转

2

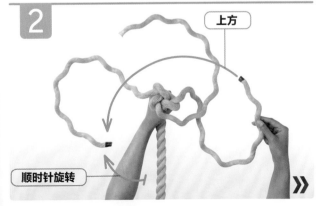

上方

顺时针旋转

》

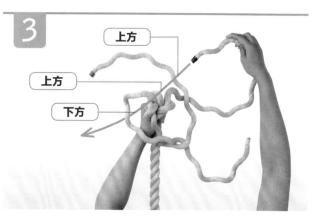

3

上方

上方

下方

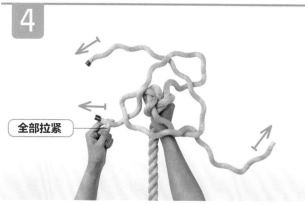

4

全部拉紧

5

找到第一条
股线的绳头

6

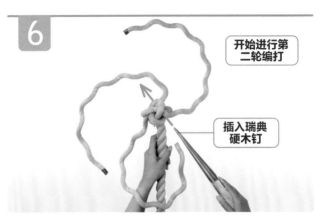

开始进行第二轮编打

插入瑞典硬木钉

7

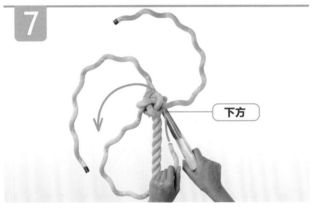

下方

8

拉拽

撤出瑞典硬木钉

》

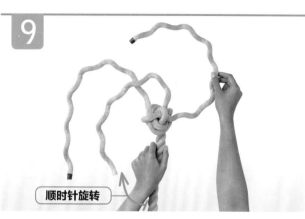

顺时针旋转

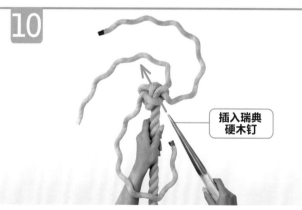

插入瑞典硬木钉

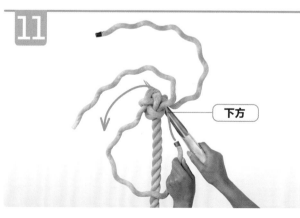

下方

12

拉拽

撤出瑞典硬木钉

13

顺时针旋转

14

插入瑞典硬木钉

»

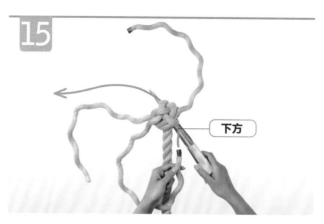

15

下方

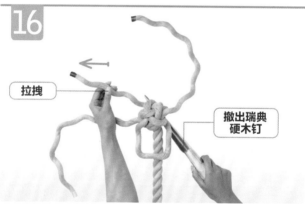

16

拉拽

撤出瑞典
硬木钉

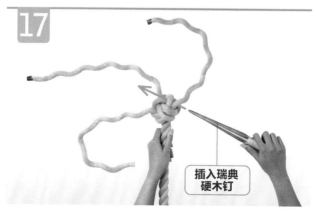

17

插入瑞典
硬木钉

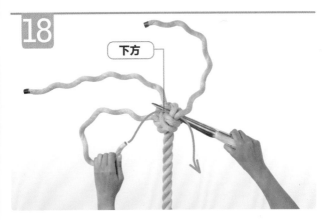

18

下方

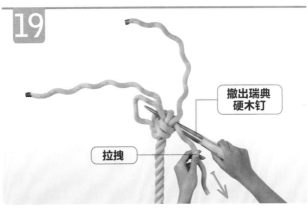

19

撤出瑞典
硬木钉

拉拽

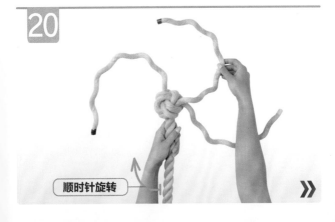

20

顺时针旋转

≫

插入瑞典硬木钉

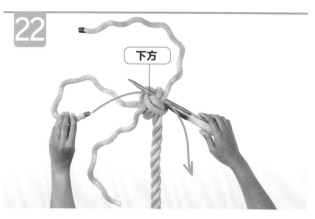

下方

撤出瑞典硬木钉

拉拽

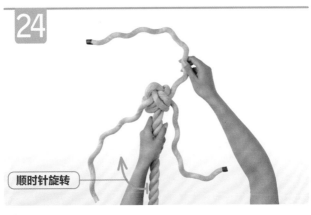

顺时针旋转

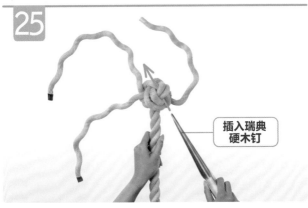

插入瑞典硬木钉

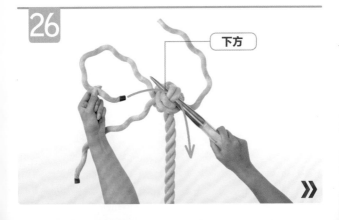

下方

»

27

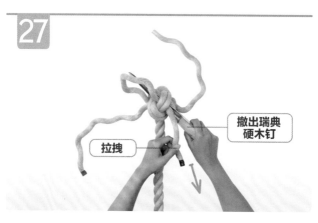

撤出瑞典硬木钉

拉拽

28

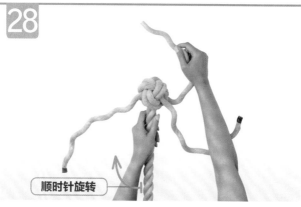

顺时针旋转

29

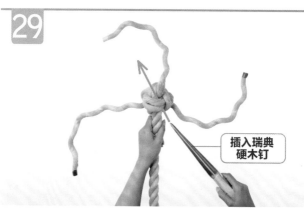

插入瑞典硬木钉

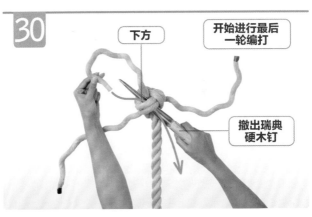

30

下方

开始进行最后一轮编打

撤出瑞典硬木钉

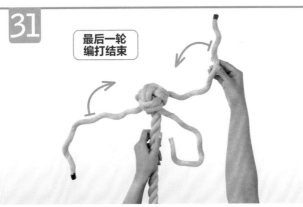

31

最后一轮编打结束

32

拉紧完成

握索结

- ■使用股线编打的一种牢固的制动绳结。
- ■打法上，皇冠结（见第54—55页）在上，索头结（见第56—57页）在下。
- ■有时可以作为桶梁结（见第58—60页）的替代绳结。
- ■为了便于股线间穿梭，可以借助硬木钉或瑞典硬木钉（见第19页）进行编打。

1 编打一个皇冠结(见第54—55页)

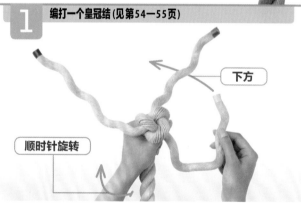

下方

顺时针旋转

2

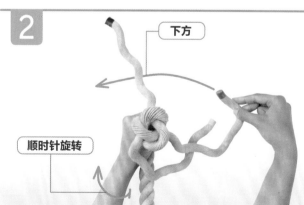

下方

顺时针旋转

3

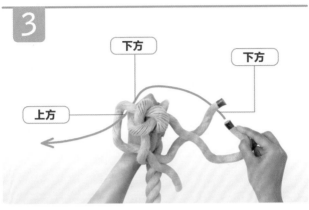

下方

下方

上方

4

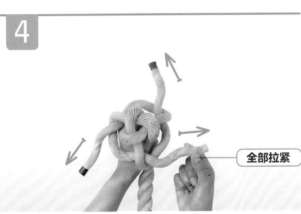

全部拉紧

5

插入瑞典硬木钉

»

6

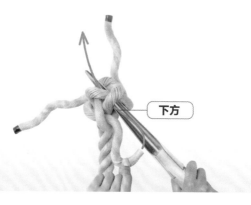

下方

7

拉拽

撤出瑞典
硬木钉

8

整理股线

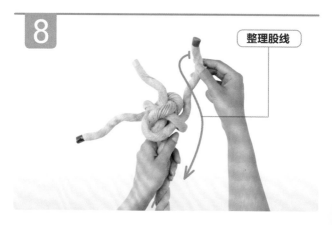

9

插入瑞典硬木钉

10

下方

11

拉拽

撤出瑞典
硬木钉

»

12

整理股线

顺时针旋转

13

插入瑞典硬木钉

14

下方

15

拉拽

撤出瑞典硬木钉

16

全部拉紧

17

拉紧完成

捆绑
绳结篇

捆绑绳结的作用是聚拢船帆或捆扎木材等散落物品。用绳子整齐地捆扎一个物体时也会用到该绳结，例如包装礼物。

同心结

■同心结象征着两个人深深相爱，
有时在戒指上会看到。

■由两个单结（见第28—29页）相
互连锁而成。

■两个单结应该正好相反。

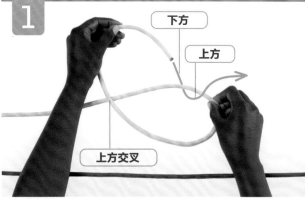

1

下方

上方

上方交叉

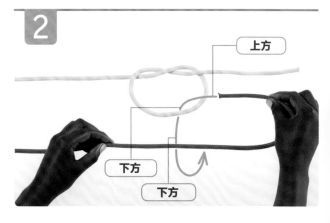

2

上方

下方

下方

3

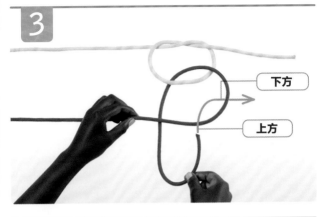

下方

上方

4

拉拽

5

拉紧完成

水手十字结

■一种象征好运的装饰性绳结。

■由同心结（见第80—81页）演变而成。

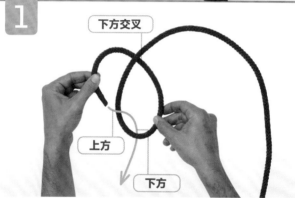

1

下方交叉

上方

下方

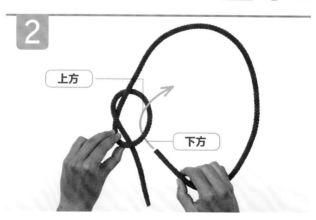

2

上方

下方

3

上方

4

下方

上方

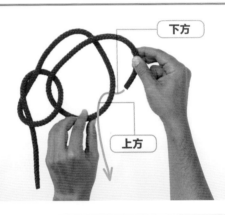

5

伸手握紧

伸手握紧

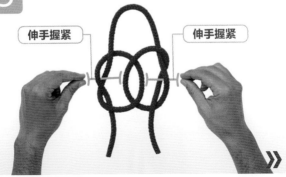

6

拉拽　拉拽

7

全部拉紧

8

整理完成

缩帆结

■一种用绳子捆扎物体时使用的简单绳结。

■名字来源于捆扎在一起的船帆。

■也叫作方结。

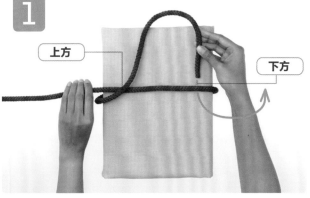

1

上方

下方

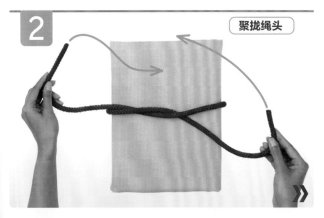

2

聚拢绳头

3

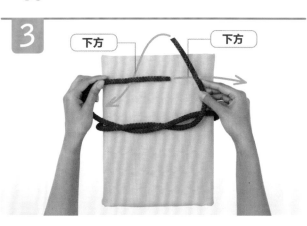

下方　　　　下方

4

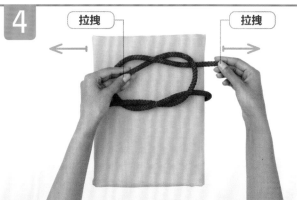

拉拽　　　　拉拽

5

拉紧完成

活缩帆结

- 一种能快速拆解的缩帆结（见第85—86页）。
- 需要留出一定长度的作业绳头，以确保有足够的绳子制作绳耳。
- 只要用力拉拽绳耳的短头，绳结便可解开。

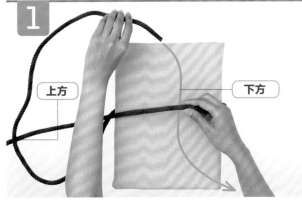

1

上方　下方

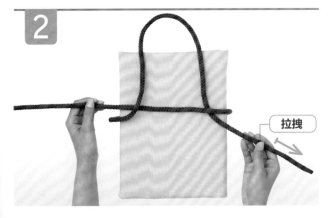

2

拉拽

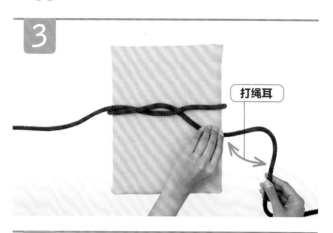

打绳耳

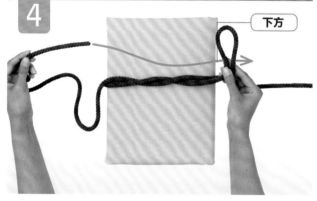

下方

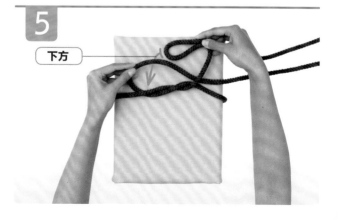

下方

6

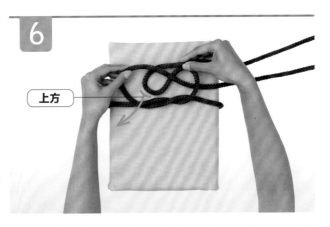

上方

7

拉拽

拉拽

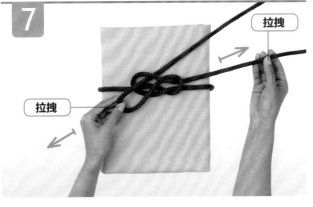

8

拉紧完成

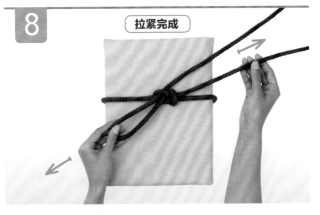

双重活缩帆结

- 通常在系鞋带时编打的一种绳结。
- 也是用丝带在包装盒上编打蝴蝶结时用到的绳结。
- 由两个绳耳组合而成。

1

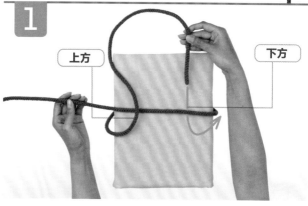

上方

下方

2

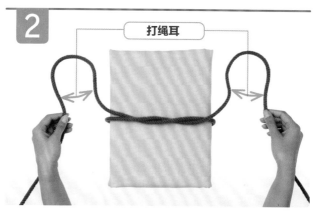

打绳耳

3

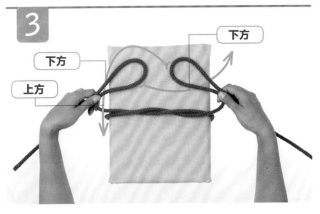

下方

下方

上方

4

拉拽

拉拽

5

拉紧完成

死绳结

- 是缩帆结（见第85—86页）的一种错误打法，同时失去了缩帆结的方块形状。

- 没有缩帆结牢固——可能会出现绳结滑脱或打死的情况。

1

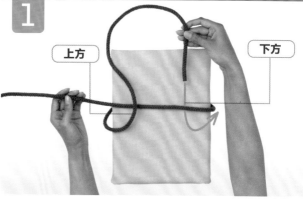

上方　下方

2

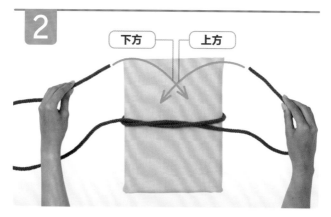

下方　上方

3

下方

上方

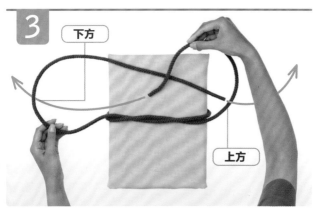

4

拉拽　　拉拽

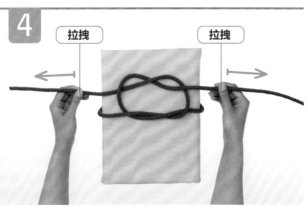

5

拉紧完成

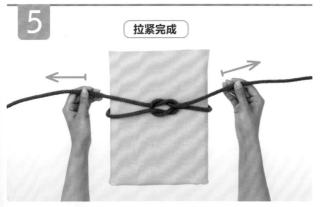

平结

■使用绳索或绳线捆绑物体时用到的一种独特的捆绑绳结。

■使用上不如缩帆结（见第85—86页）牢固，而且两者很容易弄混。

■历史上，水手们经常在行李包上系打平结来防盗，因为通常盗贼们只会在包裹上简单地系打一个缩帆结，这样就会暴露自己。

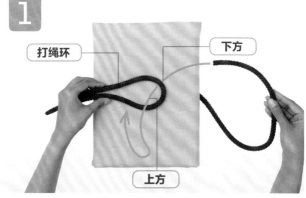

打绳环　下方　上方

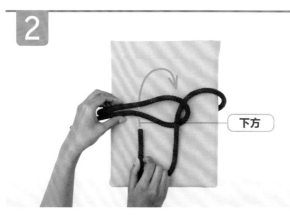

下方

3

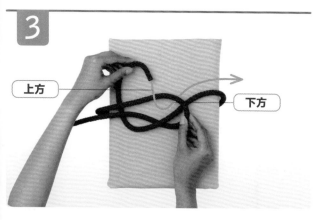

上方

下方

4

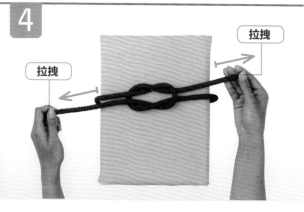

拉拽

拉拽

5

拉紧完成

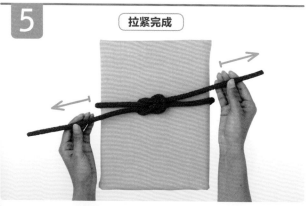

外科结

■一种被外科医生使用的伤口缝合绳结。

■也适用于将物品捆成一捆。

■如果用于捆绑物品，在绳结编打完毕前，先将前两个褶皱结用力收拢。

■当其余的褶皱结被拉紧时，编打过程也随之结束。

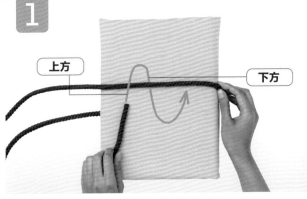

1

上方   下方

2

上方
下方

3

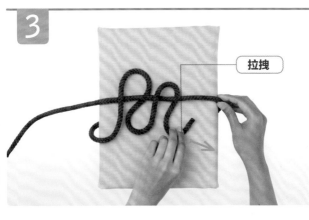

拉拽

4

聚拢绳头

5

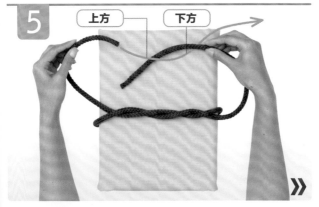

上方　下方

»

6

拉拽　　　　　　　　　　　　　　拉拽

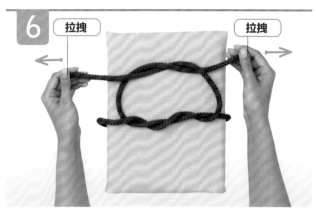

7

拉紧完成

双边褶花外科结

- 一种左右两边编花对称的外科结。

- 适用于比较光滑的绳索。

- 当左侧绳头编到第五步时，开始编右侧绳头，共编两遍。

绿松石龟背结

■系鞋带时使用的最佳绳结。

■几乎不会松解。

■混合了缩帆结（见第85—86页）
和外科结（见第96—98页）两种
绳结的打法。

■拉拽绳结上的短头便可解开。

1

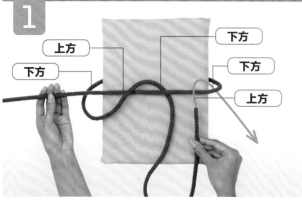

上方

下方

下方

下方

上方

2

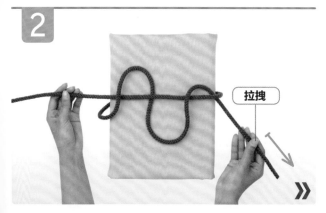

拉拽

≫

3

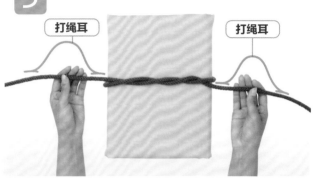

打绳耳　　　　　　　　打绳耳

4

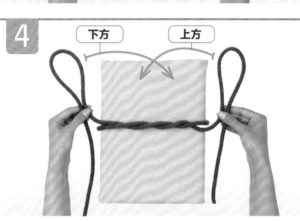

下方　　　上方

5

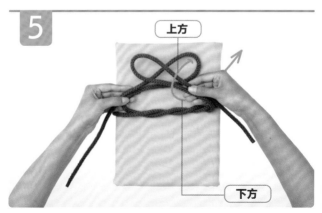

上方

下方

6

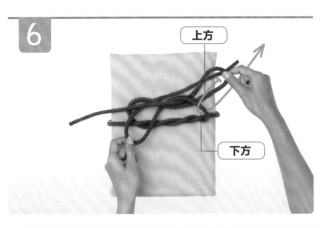

上方

下方

7

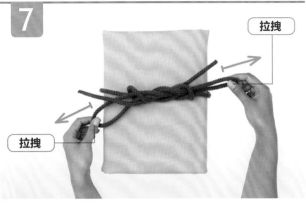

拉拽

拉拽

8

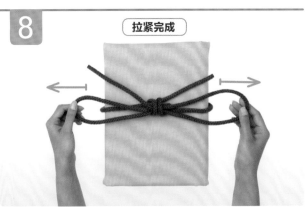

拉紧完成

包装结

■一种捆扎包裹或散落物品的绳结。

■打法上以八字结（见第38—39页）为基础。

■用半结固定（见第23页）。

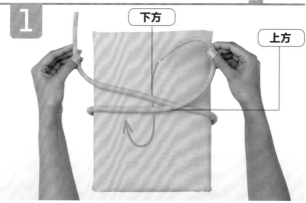

1

下方

上方

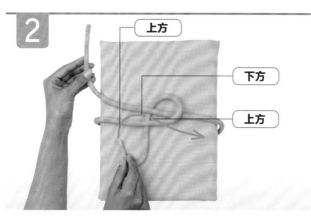

2

上方

下方

上方

3

换手握住
绳头

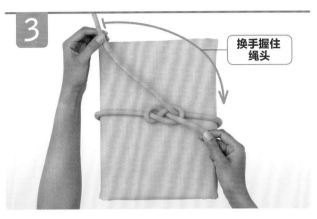

4

下方交叉

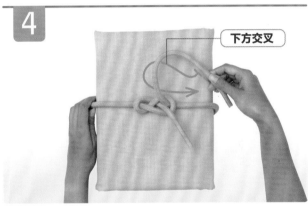

5

上方

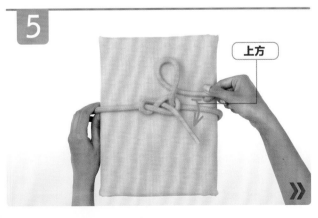

6

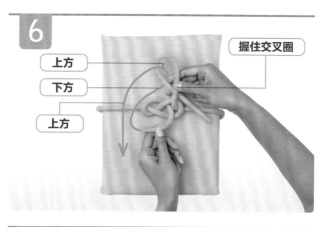

握住交叉圈

上方

下方

上方

7

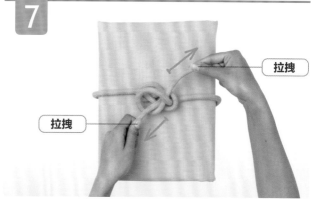

拉拽

拉拽

8

拉紧完成

双套结

■一种普通、简便的且仅有一个作业绳头可以利用时使用的绳结。

■由两个半结（见第23页）组成，且编打方向要保持一致。

■大多数的编结（见第24、第211页）中有此绳结。

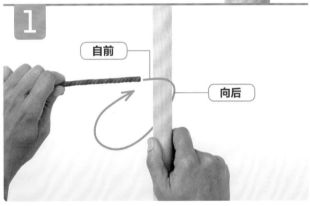

1

自前

向后

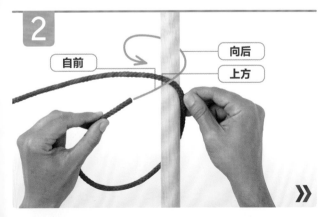

2

自前

向后

上方

»

3

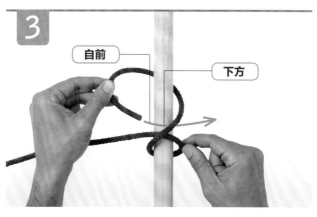

自前　下方

4

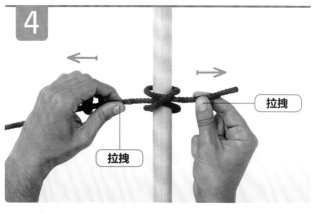

拉拽　拉拽

5

拉紧完成

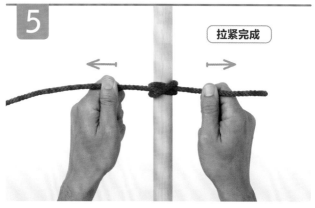

双套结——第二种打法

■一种能够快速系打的普通捆绑绳结。

■可以从绳子中间开始系打。

■由两个半结（见第23页）组成，且编打方向要保持一致。

■不是十分牢固——受力后可能会松弛。

1

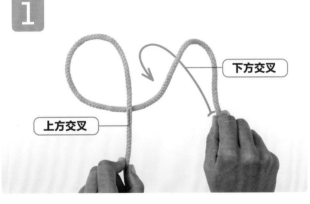

下方交叉

上方交叉

2

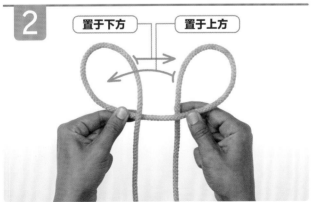

置于下方　　置于上方

3

在中心做一个绳圈

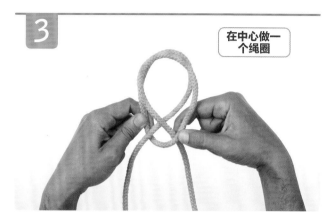

4

将绳圈套在柱子上

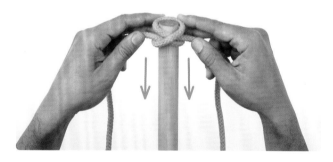

5

拉紧完成

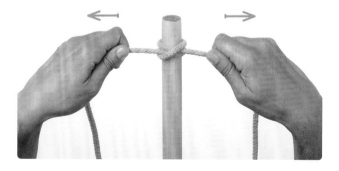

缩紧结

■非常适合临时性捆绑（见第14页）或捆扎（见第25页）物品。

■系打简便，但不易解开。

■使用细线系打效果最好。

1

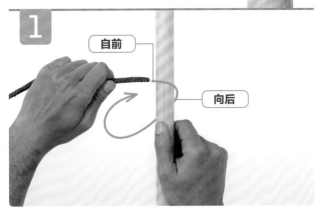

自前

向后

2

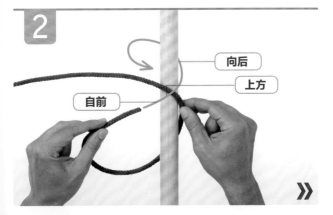

向后

上方

自前

»

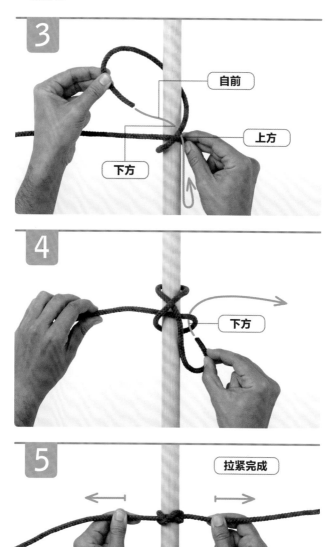

3

自前

上方

下方

4

下方

5

拉紧完成

系木结

- 捆绑一根或一捆木头时用到的绳结。
- 绳结完成后越用力拉拽，就会变得越紧，越牢固。
- 开始步骤同十字编结（见第215—217页）。

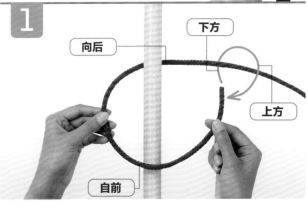

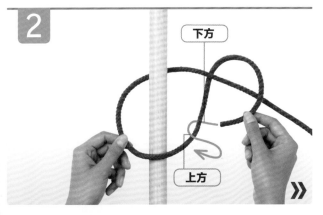

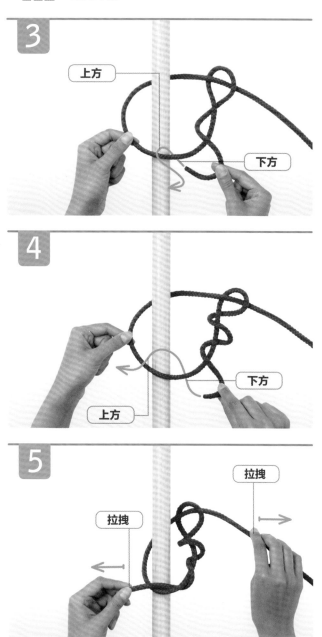

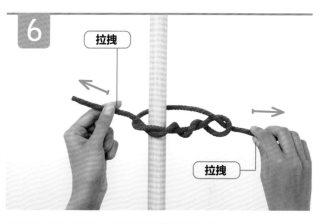

6

拉拽

拉拽

7

拉紧完成

拉杆结

- 如需在水中或陆地上拖动木杆时，可以在杆子上多打一个半结（见第23页）。

- 半结的作用是可以防止木杆在拖动过程中来回摇晃。

半结系好后结束

长蛇结

- 一种可以捆扎圆柱形物体的实用性装饰绳结。
- 使用时有可能会从原位置滑落到物体底端。
- 可以代替缩紧结使用（见第109—110页）。

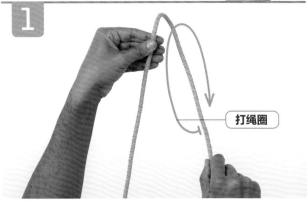

1

打绳圈

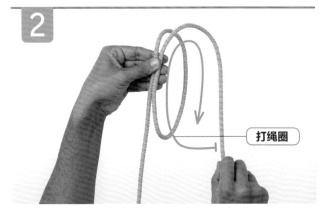

2

打绳圈

3 将竖直的绳圈放平

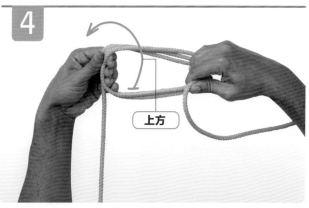

4 上方

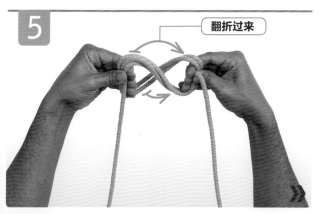

5 翻折过来

6

将绳圈套在木杆上

7

调整形状

8

拉紧完成

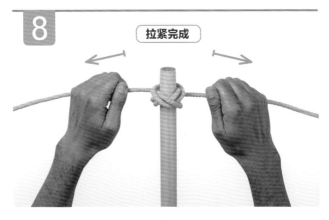

打花箍——
三股四圈

■ 通常是套在柱子或扶手上的一种
　装饰性绳结。

■ 也可采用平铺式编法做成席垫。

■ 图案可以进行双倍或三倍编打
　（见第24页）。

1

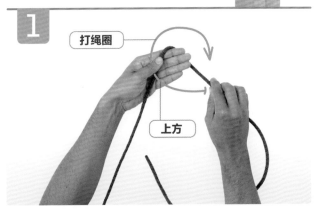

打绳圈

上方

2

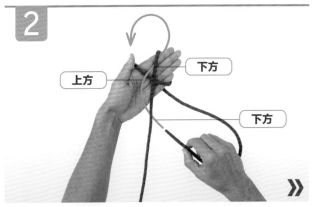

上方

下方

上方

下方

»

3

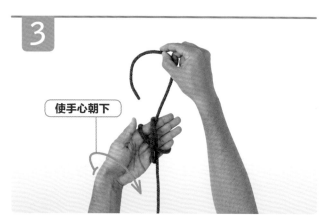

使手心朝下

4

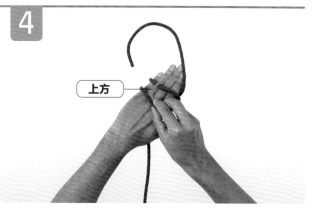

上方

5

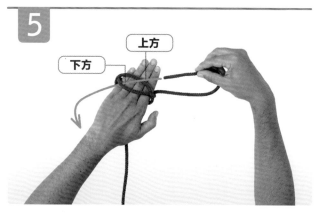

下方 上方

6

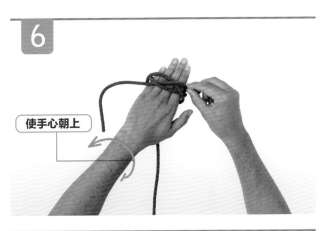

使手心朝上

7

下方

上方

8

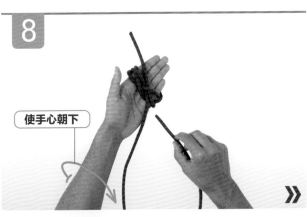

使手心朝下

»

9

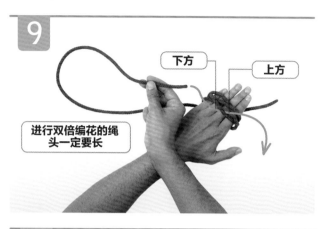

下方

上方

进行双倍编花的绳头一定要长

10

使手心转向体侧

11

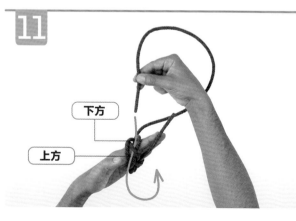

下方

上方

12

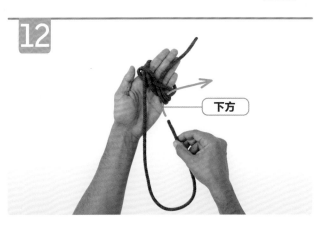

下方

13

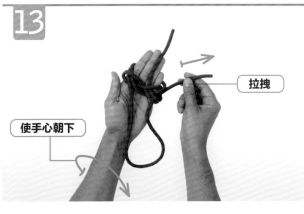

拉拽

使手心朝下

14

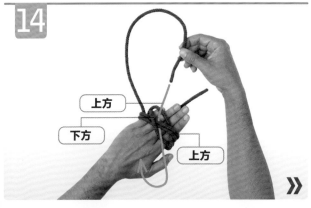

上方

下方

上方

》

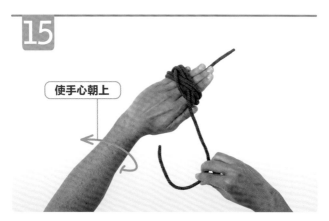

使手心朝上

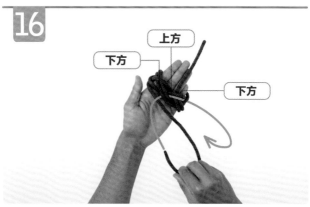

上方

下方

下方

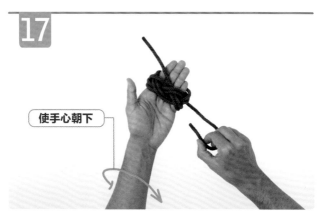

使手心朝下

18

上方　下方

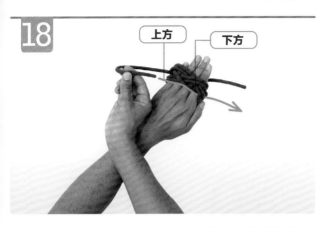

19

使手心朝上

20

整理完成

实用
家居绳结

　　在家里，从悬挂壁画、收拢窗帘到固定晾衣绳、系打装饰性蝴蝶结再到系鞋带，可以说绳结时时刻刻都在发挥着作用。

旋圆双半结 » 见第 180—181 页

✅ 在画框背面的挂环或螺丝眼上固定画线时使用的一种理想绳结。

✅ 也适用于在柱子上固定晾衣绳。

✅ 即使受力也能解开。

同类绳结:
» 见第182—183页
帆脚索
» 见第184—185页
渔人索

扶手结 » 见第61—71页

✅ 可以穿过牛眼结（见第 342—346 页）收拢窗帘的最佳装饰绳结。

✅ 也是在扶手绳两端编打的绳结。

✅ 为增大体积，图案可以进行三倍编打。

同类绳结:
» 见第49—53页
猴拳结
» 见第72—77页
握索结

绿松石龟背结 » 见第 99—101 页

✓ 一种能够快速系打的双环结。

✓ 系鞋垫或靴子的绝佳绳结，几乎不会松解。

✓ 也可以用作包裹或礼物上装饰绳结，既结实又漂亮。

同类绳结：
**» 见第87—89页
活缩帆结**

缩紧结 » 见第109—110页

✓ 一种可以代替软管夹的最佳绳结。

✓ 也是使用硬线绳捆扎塑料垃圾袋或麻袋袋口时用的绳结。

✓ 该绳结绑起来会很紧，不易解开。

同类绳结：
**» 见第107—108页
双套结——第二种打法**
**» 见第114—116页
长蛇结**

包装结 » 见第102—104页

✓ 一种捆绑包裹的绝佳绳结，容易拉紧和固定位置。

✓ 绳结的紧绷特点很适合打捆报纸。

✓ 也是有名的屠夫结，因为它是烘烤大块肉时常用到的绳结。

同类绳结：
**» 见第87—89页
活缩帆结**
**» 见第96—98页
外科结**

车夫结 »见第203—204页

✅ 捆绑木头等负重物体时用到的绝佳绳结。不受力时容易解开。

✅ 也适用于在汽车顶部固定行李箱。

❌ 如果在同一个位置反复系打此结,可能会造成绳索的严重磨损。

同类绳结:
**»见第111—113页
系木结**

打花篰——四股五圈

■主要起装饰性作用的一种绳结。

■基本上采用四股连续平编法（见第294—295页）——可以进行两倍、三倍或四倍编打。

■编打过程中随时调整股线间的距离，以确保编花的匀称。

1

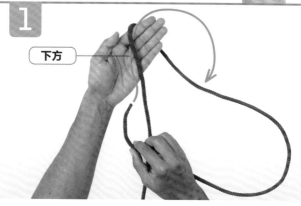

下方

2

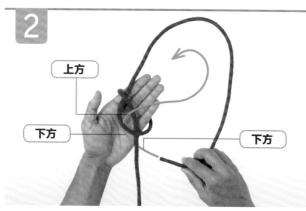

上方

下方

下方

3

上方

下方

向后

下方

下方

上方

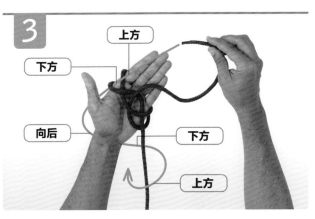

4

上方

下方

下方

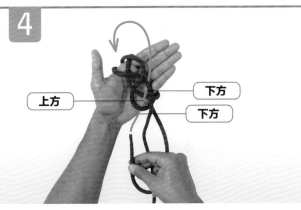

5

下方

上方

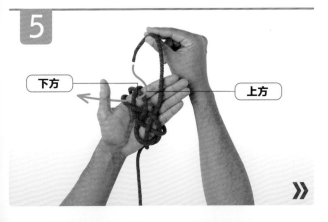

»

6

使手心朝下

7

使手心朝下

上方

8

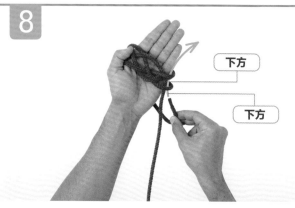

下方

下方

9

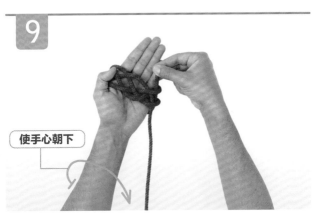

使手心朝下

10

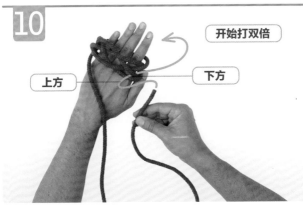

开始打双倍

上方

下方

11

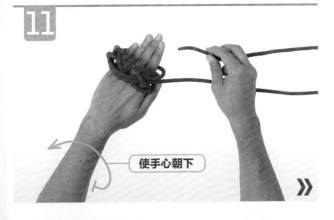

使手心朝下

»

12

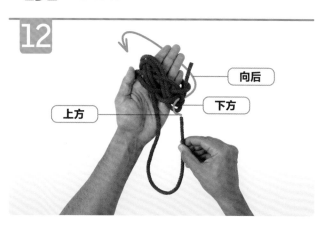

向后

下方

上方

13

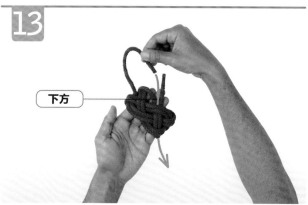

下方

14

绳头插好
后完成

打花箍——
五股四圈

- 一种由许多股线编织而成、极具装饰性的绳结。
- 图案可以进行两倍或三倍编打（见第24页）。
- 绳结编好时，要轻轻地拉紧并将绳头插到绳结里才算真正完成。

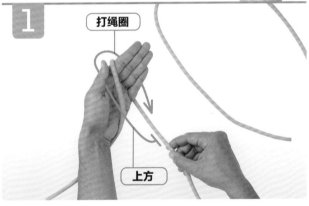

1

打绳圈

上方

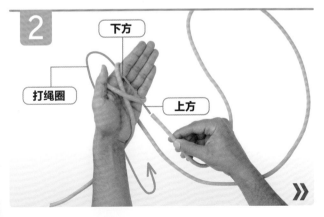

2

下方

打绳圈

上方

»

3

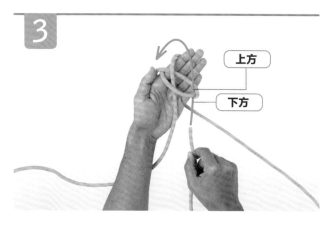

上方

下方

4

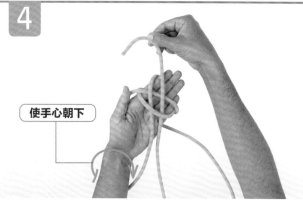

使手心朝下

5

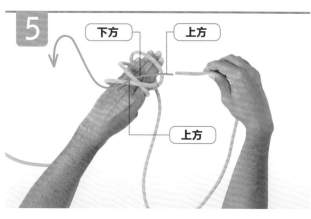

下方

上方

上方

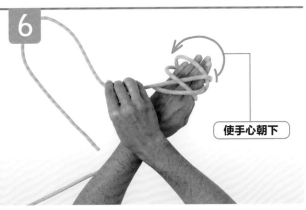

6

使手心朝下

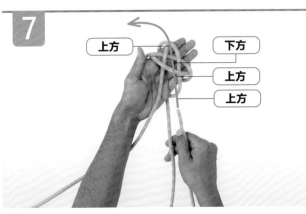

7

上方

下方

上方

上方

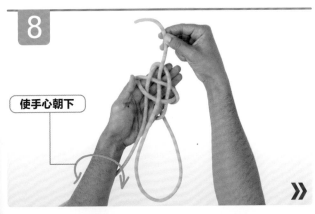

8

使手心朝下

»

9

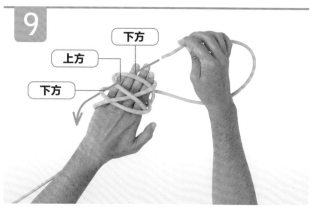

下方

上方

下方

10

使手心朝下

11

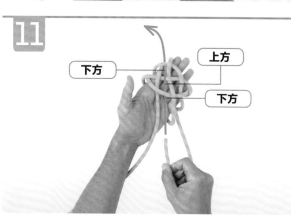

下方

上方

下方

12

进行双倍编花的绳头一定要长

使手心朝下

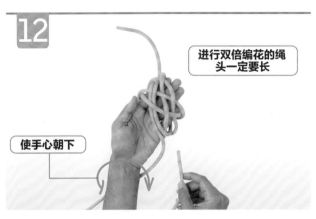

13

按要求重复编织

14

整理好绳头后完成

接结篇

接结是指连接两条绳索或绳线的绳结。大部分种类的接结只能连接粗细相同的绳索，但也有一部分接结可以连接不同粗度的绳索。

接绳结

■一种将粗细相同两条绳索连接在一起的普通绳结。

■系打和拆解都很容易。

■不受力时，绳结会松弛。

■如要连接两条粗细不同的绳子，需使用双重接绳结（见第144—145页）。

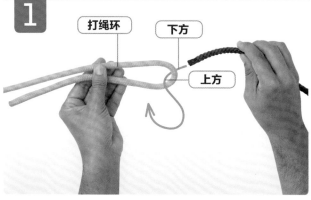

1

打绳环　下方　上方

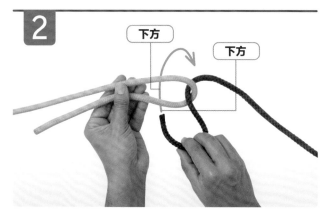

2

下方　下方

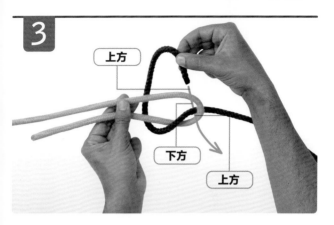

3

上方

下方

上方

4

拉拽

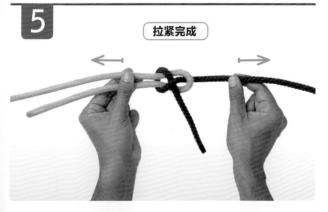

5

拉紧完成

穿插接绳结

■适用于连接两条细绳。

■与接绳结的不同之处在于此结混合了八字结（见第38—39页）的打法。

■是接绳结（见第140—141页）的一种变形，其中也混合了八字结的结构。

■翻折绳头在拉拽绳子时可以防止绳子缠死。

■如果拉拽绳子的方向错误，就会导致绳子缠死。

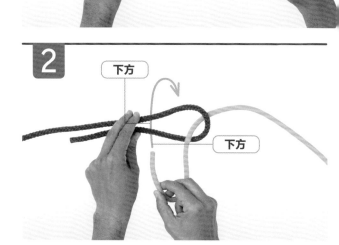

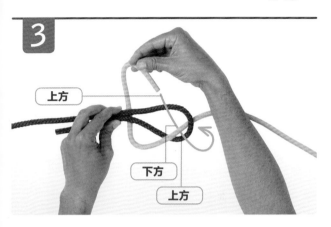

3

上方

下方

上方

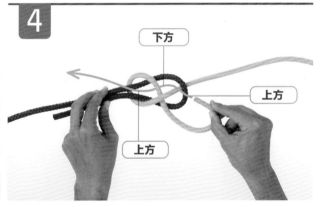

4

下方

上方

上方

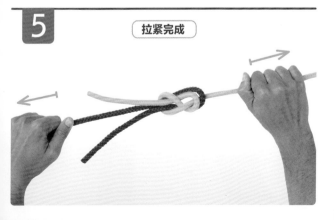

5

拉紧完成

双重接绳结

- 用于连接两条粗细不同的绳索。
- 需要使用较粗的绳索打绳环。

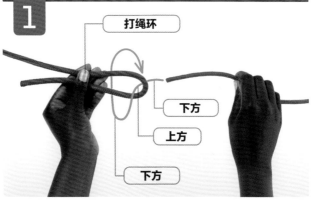

1

打绳环

下方

上方

下方

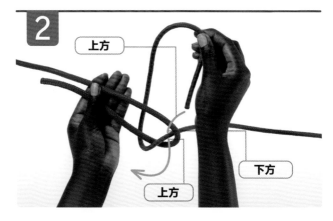

2

上方

下方

上方

3

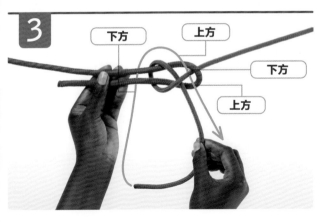

下方　上方　下方　上方

4

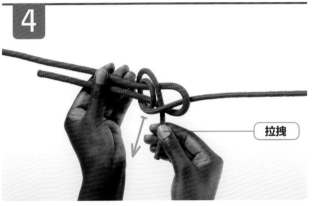

拉拽

5

拉紧完成

绳纱结

- 将多条绳纱编织到一起形成一条新绳时用到的绳结。
- 也适用于将纺织材料连接到一起。
- 编法与缩帆结（见第85—86页）类似，只是体积偏小。

1

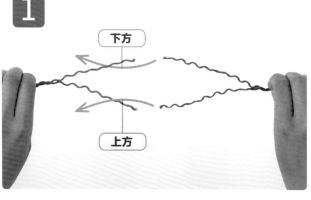

下方

上方

2

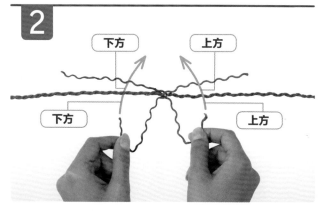

下方　上方

下方　上方

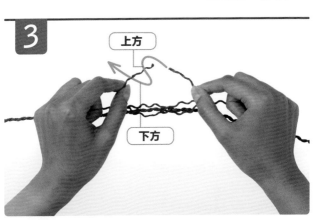

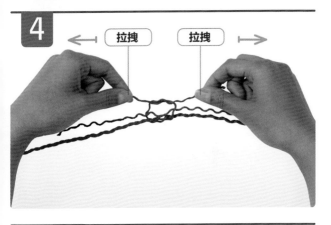

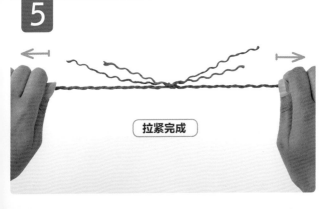

单花大绳接结

■适合连接两条粗大的绳子或绳缆时使用的绳结。

■可以进行平面捆扎（见第25页），拉紧程度以绳子能够自动松弛为准。

■容易拆解。

1

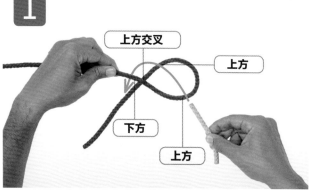

上方交叉

上方

下方

上方

2

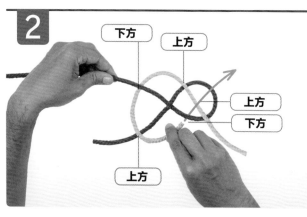

下方

上方

上方

下方

上方

3

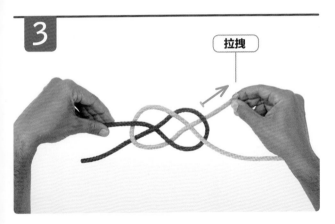

拉拽

4

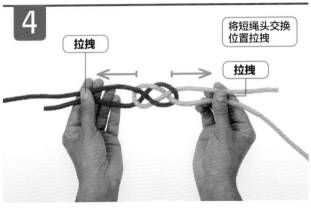

拉拽

拉拽

将短绳头交换位置拉拽

5

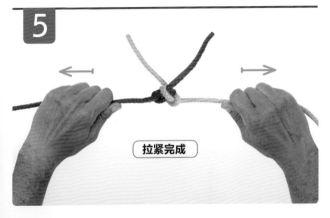

拉紧完成

亨特结

■连接两条合成绳索（见
　第140—141页）时用
　到的绳结。

■调整形状时要仔细。

■名字出自爱德华·亨特
　医生的姓氏。

1

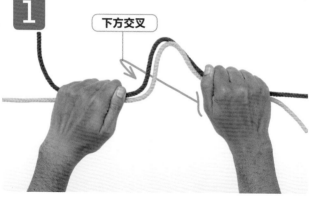

下方交叉

2

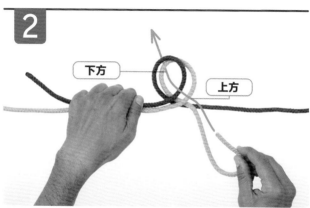

下方

上方

3

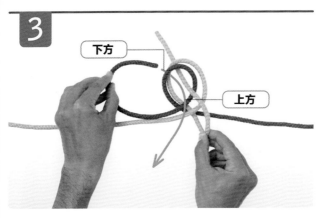

下方

上方

4

将短绳头交换位置拉拽

拉拽

拉拽

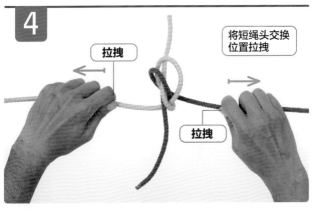

5

拉紧完成

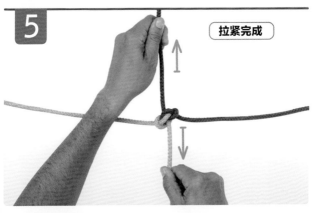

系索结

- 一种连接两条绳索的装饰性绳结。
- 结构与单花大绳接结（见第148—149页）相同。
- 也叫作友谊结。

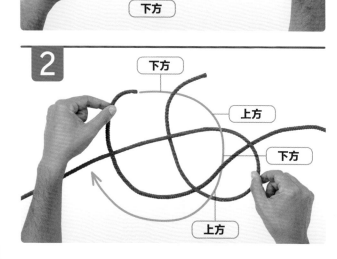

3

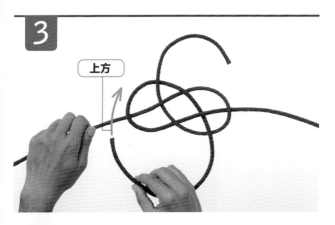

上方

4

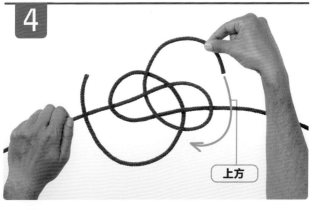

上方

5

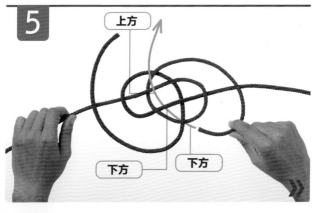

上方

下方　下方

6

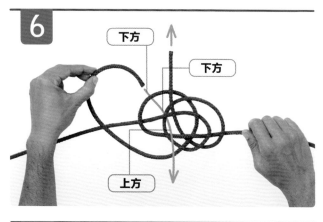

下方

下方

上方

7

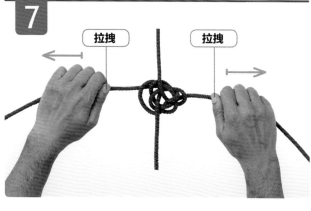

拉拽

拉拽

8

拉紧完成

阿什利结

■用于连接两条细绳。

■系打和解开都很容易。

■即使受到剧烈运动的影响，也依然牢固。

■编打时要保证两个交叉绳圈是相同的。

■名称出自美国绳结专家克利福德·阿什利的姓氏。

1

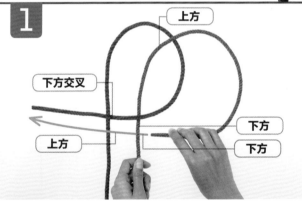

上方

下方交叉

上方

下方

下方

2

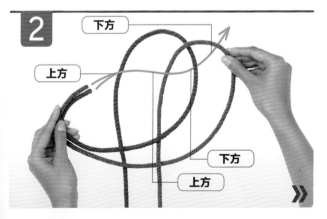

下方

上方

下方

上方

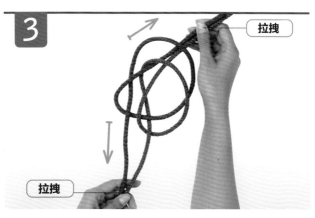

3 拉拽

拉拽

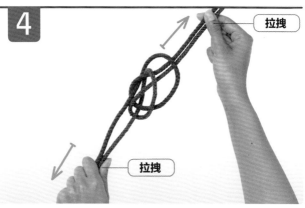

4 拉拽

拉拽

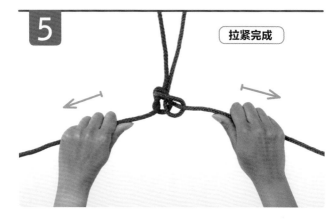

5 拉紧完成

渔夫结

- 适合连接相对较细的绳索或绳线。
- 被渔夫和登山者所使用的绳结。
- 确保短绳头的长度至少是绳索直径的五倍。
- 由两个活单结组成。

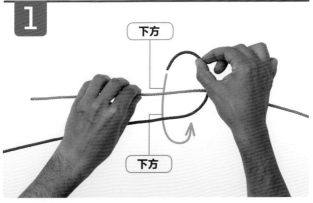

1

下方

下方

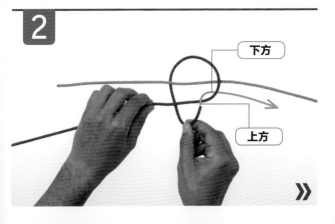

2

下方

上方

»

3

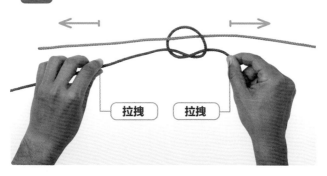

拉拽　　拉拽

4

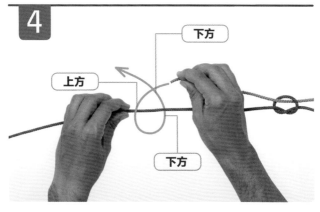

下方
上方
下方

5

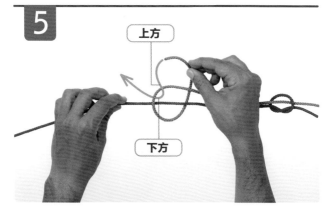

上方
下方

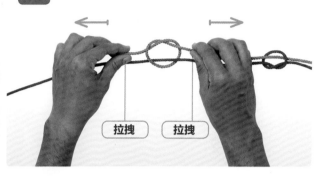

拉拽　　拉拽

聚拢绳结

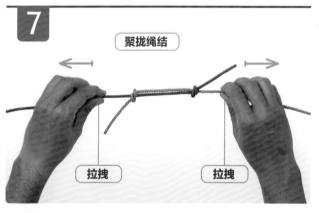

拉拽　　　　拉拽

拉紧完成

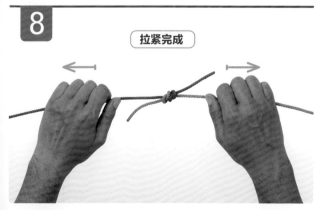

双重渔人结

- 当绳索或绳线特别光滑时，可用此结。
- 用力拉拽时，多余的弯扣可以防止绳结散开。
- 为使绳结更加牢固，可以用胶带将绳头缠紧。

1

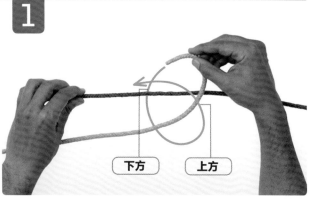

下方　上方

2

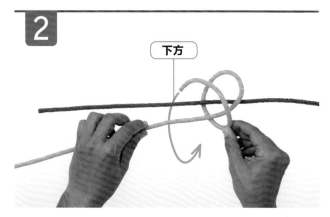

下方

3

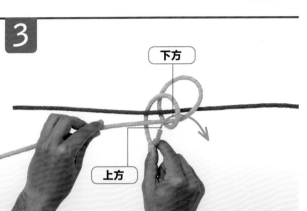

下方

上方

4

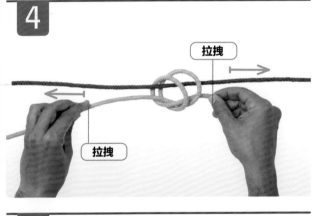

拉拽

拉拽

5

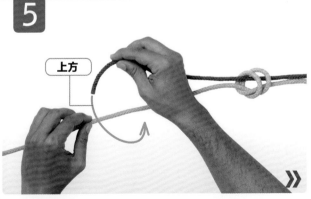

上方

»

6

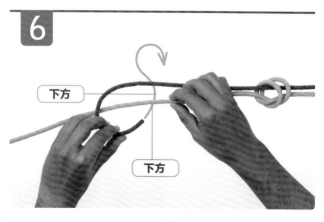

下方

下方

7

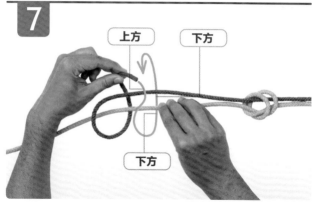

上方

下方

下方

8

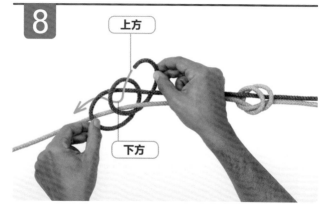

上方

下方

9

拉拽

拉拽

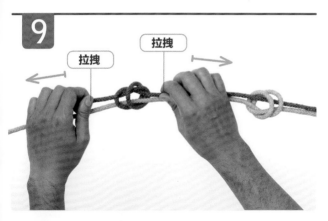

10

聚拢绳结

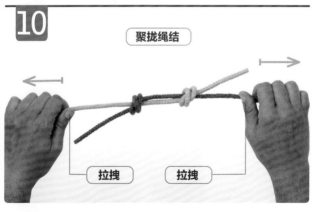

拉拽

拉拽

11

拉紧完成

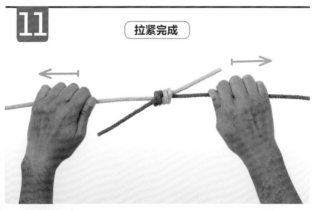

实用
攀岩绳结

掌握一定的绳结知识对与登山者来说至关重要，因为这关系到他们的生命安全。当这些普通的攀岩绳结打好后，一定要仔细地再检查一遍——例如检查绳结是否变形、确保绳索上没有绕扣等。

意大利结 » 见第 234—235 页

☑ 被登山者作为安全带使用的绳结，因为它可以控制下降速度和高度。

☑ 也是用于沿绳下降运动的绳结。

☒ 绳索容易形成扭结或磨损，所以最好作为替补绳索或在紧急情况下使用。

同类绳结：
**» 见第235页
反意大利结**

普氏抓结 » 见第 228—229 页

☑ 不受力时可以沿主绳滑动，因此只用于在上升和下降过程中提供抓力。

☑ 绳索在湿滑的情况下，多余的弯扣可以增加绳索的摩擦力。

☒ 时刻检查绳结的牢固性以及是否处于受力状态。

同类绳结：
**» 见第232—233页
克氏抓结**

八字环结 » 见第 249—250 页

✓ 一种被攀岩者乐于使用、形状独特并且便于检查打法正确与否的绳结。

✓ 作为一种反手环结，即使打法不正确，也不会影响受力。

同类绳结：
» 第240—241页 称人结
» 第253—254页 反手环结

双重渔夫结 » 见第 228—229 页

✓ 制作普氏连环吊索（见第228—229页）的最佳绳结。

✓ 也适用于连接两条粗细不同的绳索。

✓ 使用胶带缠绑绳头可以降低绳索缠绕的概率。

同类绳结：
» 见第157—159页 渔人结
» 见第172—173页 水结

阿尔卑斯蝴蝶结 » 见第 238—239 页

✅ 能够从绳索中间快速系打的绳结。

✅ 最适合攀岩到半途时使用, 因为此时绳索两端的受力是均匀的。

同类绳结:
» 见第249—250页
八字环结
» 见第259—261页
双重称人结

防脱称人结 » 见第 248 页

✅ 唯一与称人结的区别在于绳索末端有一个防脱结。

✅ 体积较大, 但受力后比八字结或双重单结都容易解开。

同类绳结:
» 见第242—244页
称人结——第二种打法
» 见第245—247页
双套称人结

血结

- 一种有效连接鱼线等两条细绳的绳结。
- 如果使用尼龙绳系打，把绳线弄湿有助于系紧绳结。
- 几乎无法解开。
- 也被称为吊桶结。

1

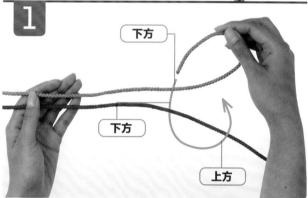

下方

下方

上方

2

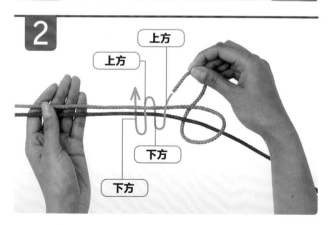

上方

上方

下方

下方

3

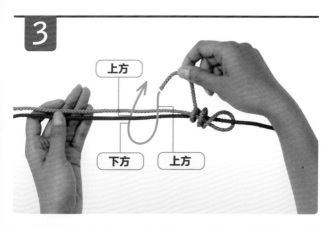

上方

下方　上方

4

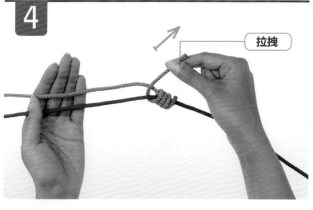

拉拽

5

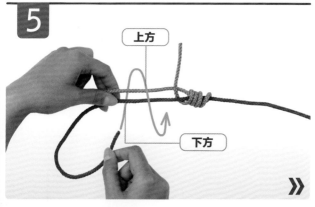

上方

下方

»

6

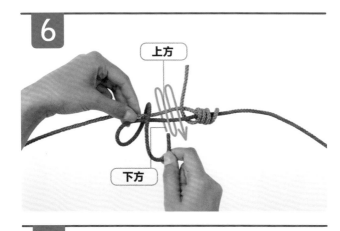

上方

下方

7

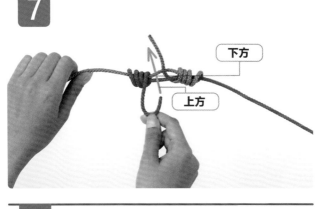

下方

上方

8

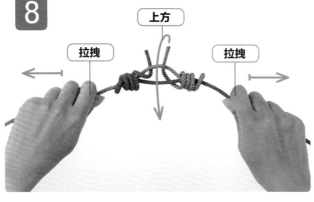

上方

拉拽

拉拽

9

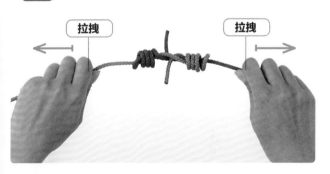

拉拽　　　　　拉拽

10

拉拽　　　拉拽

聚拢弯扣

11

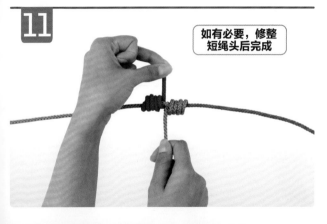

如有必要，修整
短绳头后完成

水结

■适用于连接两条绳索的绳结。

■使用攀岩者常用的扁平胶带也可以系打此结。

■绳结整洁、扁平。

■以单结（见第28—29页）的打法为基础。

■也叫作双重反手接结。

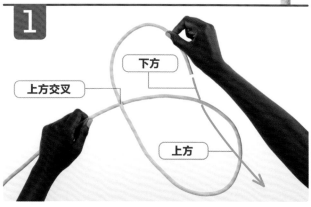

1

上方交叉

下方

上方

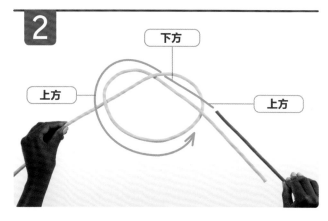

2

下方

上方

上方

3

下方　上方　下方

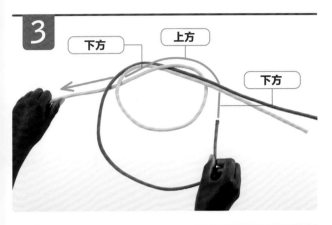

4

拉拽　拉拽

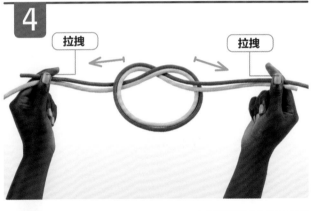

5

拉紧完成

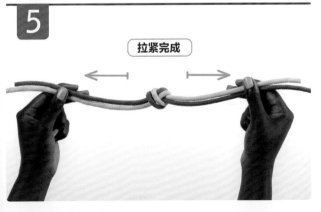

索结篇

　　索结是指将绳索固定在柱子或圆环等物体上的一种绳结。许多索结，尤其是被水手使用的索结在设计上都注重了系打快捷和拆解容易的特点。

三套结

- 为减轻另外一条绳索或柱子的受力所使用的绳结。
- 适用于从低角度或侧面拉拽绳索。
- 此结只能从一个方向沿柱子或圆环滑动。
- 如果从另一个方向拉拽绳索，绳结便会卡死。

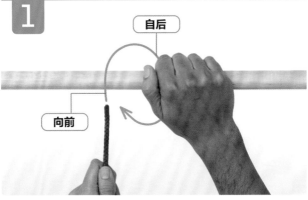

1

自后

向前

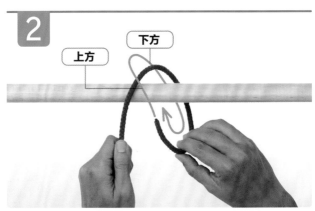

2

上方

下方

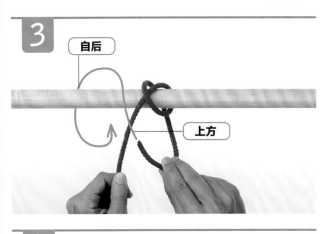

3 自后 / 上方

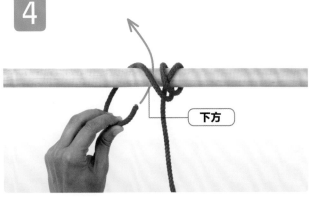

4 下方

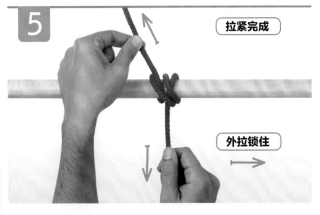

5 拉紧完成 / 外拉锁住

反三套结

■ 将绳索固定到柱子上或为减轻另外一条绳索的受力所使用的绳结。

■ 绳子第二次转弯一定要与第一次转弯交叉。

■ 绳结系紧后才能受力。

■ 不宜使用又硬又滑的绳索系打此结。

1

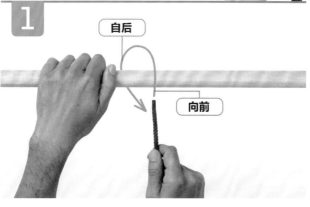

自后

向前

2

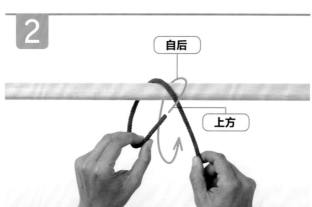

自后

上方

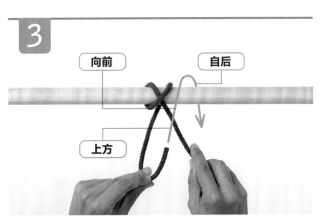

3

向前 自后

上方

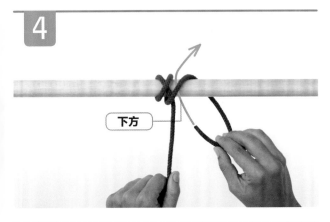

4

下方

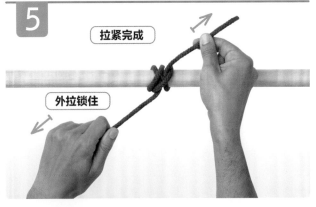

5

拉紧完成

外拉锁住

旋圆双半结

■将绳索系到柱子或圆环等固定物体上的绳结。

■容易解开。

■两个半结（见第23页）需从同一方向系打。

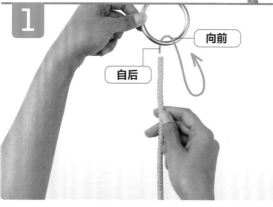

1

向前

自后

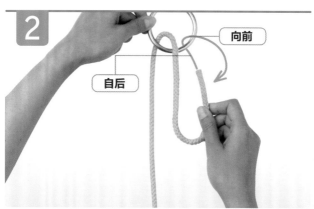

2

向前

自后

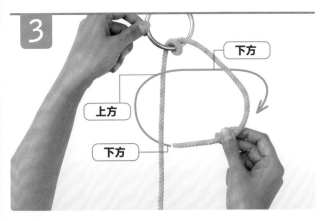

3

上方
下方
下方

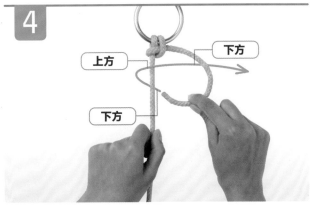

4

上方
下方
下方

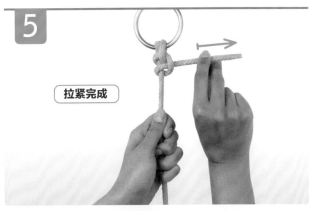

5

拉紧完成

帆脚索

- 将一条绳索系到柱子或圆环等物体上的绳结。
- 即使负重再大也不易松解。
- 使用凯芙拉合成纤维绳这样的高科技绳索系打效果最佳。

1

向前

自后

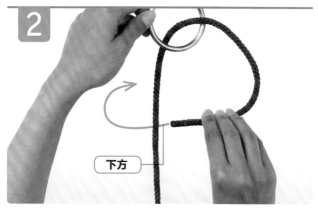

2

下方

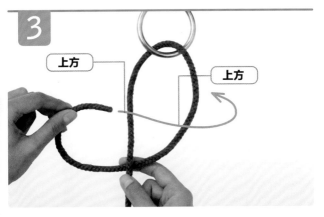

上方　　　　　　上方

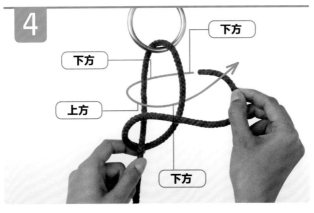

下方　　下方　　上方　　下方

拉紧完成

渔人索

■ 适合将绳索系到船锚或救生圈上的绳结。

■ 容易解开。

■ 为增强绳结的牢固度，可以将绳结端头到绳尾的部分做捆扎处理。

■ 也叫作船锚结。

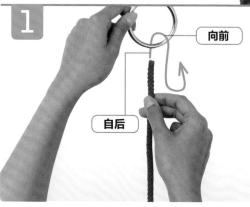

1

向前

自后

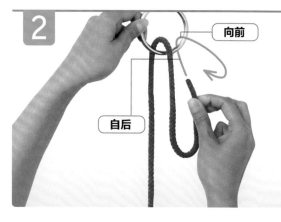

2

向前

自后

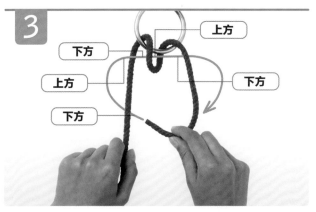

3

上方
下方
上方
下方
下方

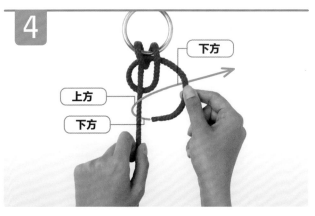

4

下方
上方
下方

5

拉紧完成

实用
露营绳结

这是几种可以使露营变得更轻松的简单绳结。它们不仅能够在搭建帐篷和运输露营设备中发挥作用，在自救环境下也能用到，例如搭建避难所或依树扎建帆布篷等。

三套结 » 见第176—177页

✓ 一种能够将拉绳固定到帐篷桩上的索结。

✓ 如果拉绳不能调节张力，此结能够增加绳索的张力。

✓ 水平和垂直方向都能受力。

同类绳结:
**» 178—179页
反三套结**

展立结 » 见第 222—224 页

✓ 一种适合搭建庇所框架的最佳编结。

✓ 也适用于在破损的柱子上捆绑加固木头。

✓ 如果两根柱子上的捆绑结不够紧，可以将其打开编成一个A形框架。

同类绳结:
**» 见第211—214页
四方编结**

四方编结 » 见第
211—214 页

✅ 一种多功能的实用编结，可以将两根柱子垂直捆扎到一起。

✅ 能够用于搭建任何尺寸的刚性框架——如露营时使用的临时性桌子或架子。

同类绳结：
**» 见第215—217页
十字编结**

旋圆双半结 » 见第
180—181 页

✅ 将绳子固定到圆环、柱子或木桩上的最佳绳结。

✅ 承重力强，最适合将绳子系到树枝上荡来荡去。

✅ 也可用于将拉绳固定到帐篷桩上。

同类绳结：
**» 第184—185页
渔人索**

称人结 » 见第240—241页

✅ 一种将绳环套在固定物体上的简单绳结。

✅ 适用于系扎帆布或薄板——刮风天气时不会滑动，也不会损坏。

✅ 悬挂吊床或将独木舟固定到拖车上也会用到此结。

同类绳结：
**» 见第245—247页
双套称人结
» 见第249—252页
八字环结**

车夫结 »见第203—204页

✅ 几个世纪以来，该绳结一直作为马车和货车系捆货物之用，它能够牢牢地将货物固定到车顶架上或拖车上。

✅ 当绳索需要借助外界力量拉紧时使用——该绳结的杠杆式特点可以将受力施加到绳索上。

同类绳结：
» **第211—214页**
四方编结
» **第222—224页**
展立结

双合结

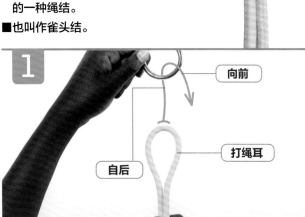

- 绳子围绕圆环或柱子系打的绳结。
- 由两个方向相反的半结（见第23页）组成。
- 除非在固定圆环上系打，否则将是所有索结中最不结实的一种绳结。
- 也叫作雀头结。

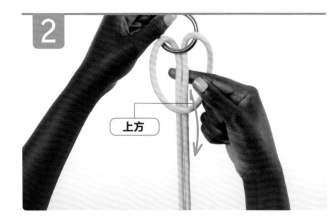

1

向前

打绳耳

自后

2

上方

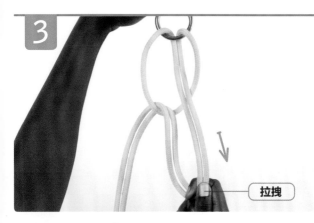

3

拉拽

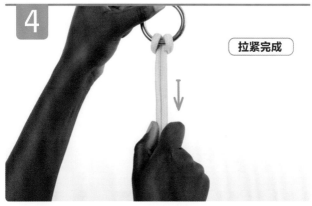

4

拉紧完成

变形双合结

- 如果双合结(见第190—191页)的一条绳尾受力,想使绳结更加牢固的方法就是将另一条绳尾插到绳耳和圆环的中间。

- 绳尾要有一定长度,这样才能保证绳结受力时绳尾不会被抽出。

栓扣双合结

■与双合结（见第190—191页）的区别在于不使用绳头系打绳结。

■移开栓扣可快速解开绳结。

1

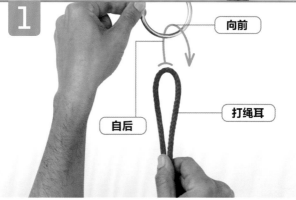

向前

打绳耳

自后

2

摆正

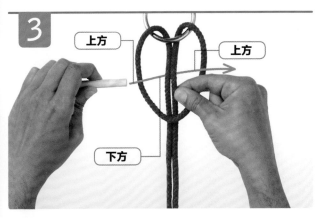

3

上方

上方

下方

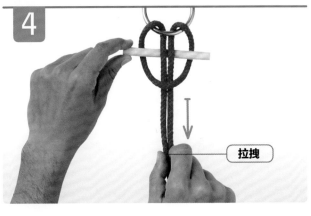

4

拉拽

5

拉紧完成

缩绳结

■无须割断绳索便能使之缩短，并且能够减轻绳索受损部分的受力。

■为避免绳结松弛，要确保绳索处于拉紧状态。

■为使绳结更加牢固，可以分别将两端的绳环和绳尾部分捆扎在一起。

1

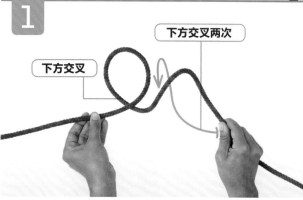

下方交叉

下方交叉两次

2

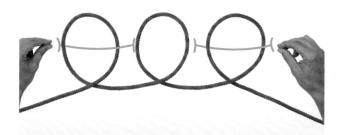

伸手握紧

3

从后面穿
过拉拽

从前面穿
过拉拽

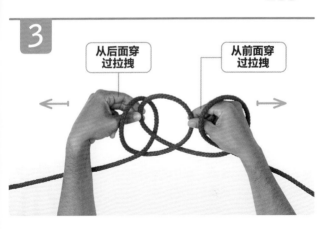

4

拉拽

拉拽

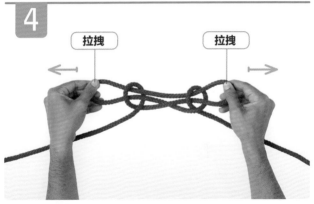

5

拉紧完成

兵船缩绳结

- ■用以缩短绳索或减轻绳索受损部分的受力。
- ■是缩绳结（见第194—195页）的一种牢固系法，亦容易拆解。
- ■由四个半结（见第23页）组合而成。
- ■为使绳结更加牢固，可以采用分别将两端的绳环和绳尾部分捆扎在一起的方法。

1

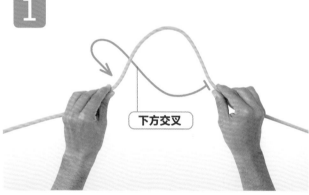

下方交叉

2

下方交叉三次

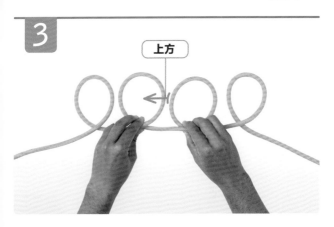

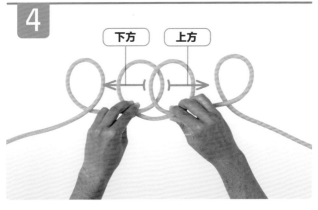

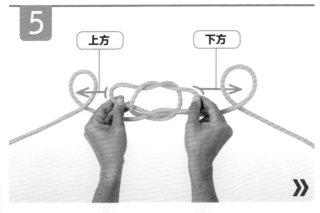

6

穿入拉拽

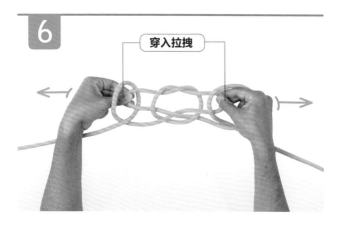

7

拉拽　　拉拽

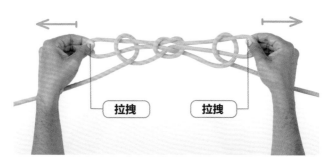

8

拉紧完成

杠杆结

■适合用细绳或细索系打的绳结。

■打法和拆解都很容易——只要长钉被撤出，绳结便会自动散开。

■只能朝一个方向拉拽。

■长钉并不是必备工具——任何种类的杠杆或长针都可以。

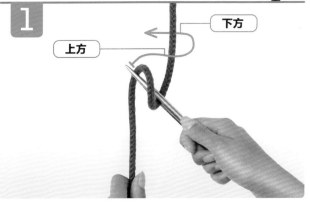

1 下方 上方

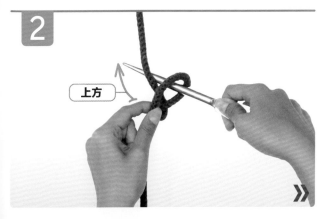

2 上方

»

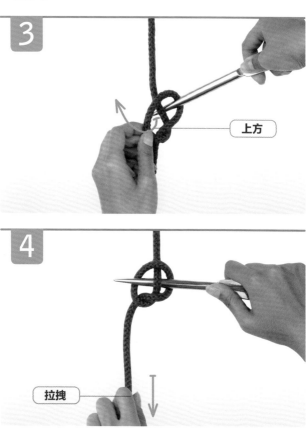

3

上方

4

拉拽

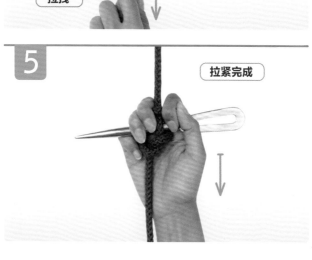

5

拉紧完成

牧童结

- 一种拆解容易的索结。
- 拴马时使用的绳结。
- 确保绳尾是受力端。
- 拉拽短绳头可解开绳结。

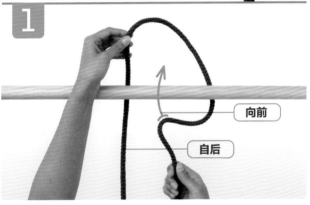

1

向前

自后

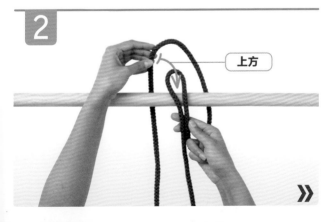

2

上方

»

3

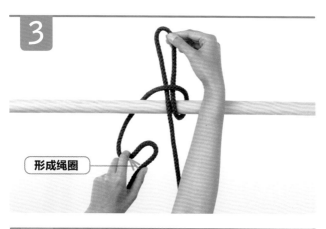

形成绳圈

4

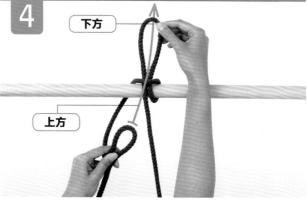

下方

上方

5

拉紧完成

车夫结

■能使绳索受力的绳结。

■马车和货车捆绑货物时使用的传统绳结。

■受力一旦消失，绳结会自动散开。

■在绳子上的同一位置反复系打此结会导致绳子磨损迅速。

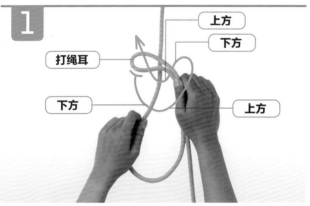

1

打绳耳 | 上方 | 下方 | 下方 | 上方

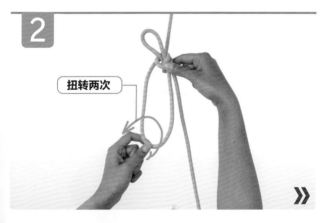

2

扭转两次

»

3

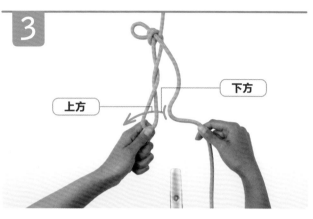

上方　下方

4

做成绳圈套在
绳栓上

5

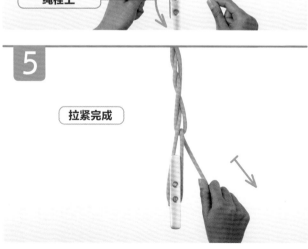

拉紧完成

鱼钩结

■将鱼线捆绑到鱼钩上使用的绳结。

■也适用于将鱼线系附在无眼鱼钩上，无眼鱼钩也叫作铲头钩。

■将尼龙鱼线弄湿可使绳结系得更紧。

1

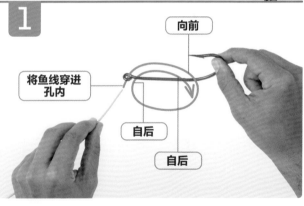

将鱼线穿进孔内

向前

自后

自后

2

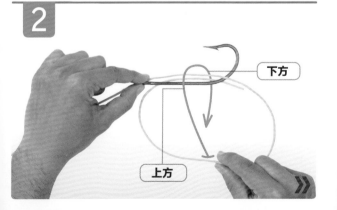

下方

上方

3

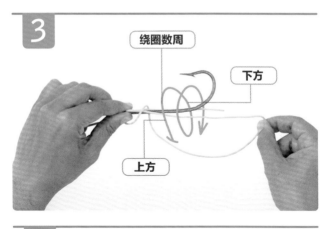

绕圈数周

下方

上方

4

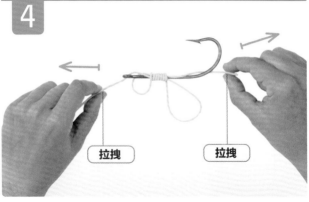

拉拽

拉拽

5

拉紧完成

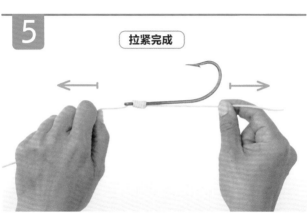

弯头结

■将鱼线系到鱼钩的孔眼里的绳结。

■对于较粗的鱼线，只能绕圈四次。

■打结前需将鱼线弄湿。

1

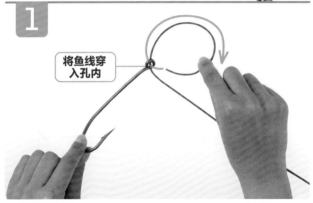

将鱼线穿入孔内

2

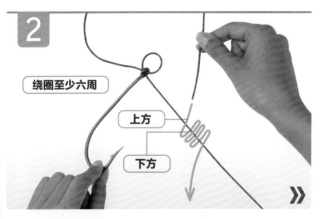

绕圈至少六周

上方

下方

»

3

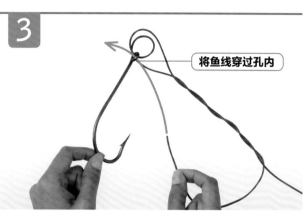

将鱼线穿过孔内

4

拉紧完成

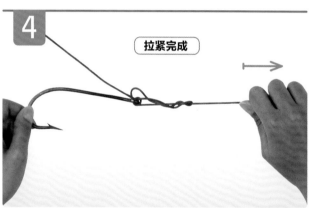

改良弯头结

- 适用于特别细滑的鱼线。

- 后增加的穿线步骤不仅能够增加绳结的牢固性，还能防止绳结散开。

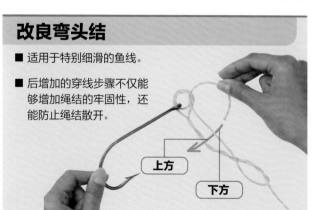

上方

下方

帕洛玛尔结

- ■用于将鱼线捆绑到鱼钩或鱼饵上。
- ■使用细滑鱼线系打的一种结实绳结。
- ■不易解开。
- ■将线弄湿可以使绳结系得更紧。

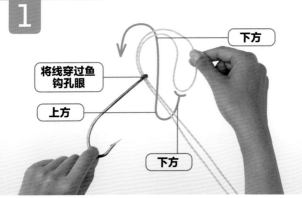

1

将线穿过鱼钩孔眼

上方

下方

下方

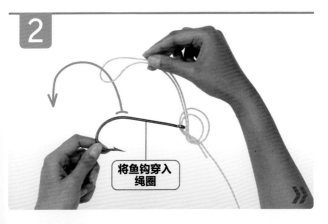

2

将鱼钩穿入绳圈

3

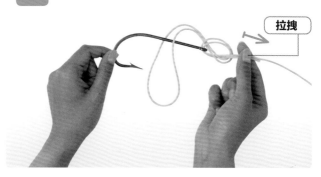

拉拽

4

拉拽

5

拉紧完成

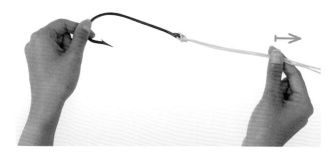

四方编结

- ■捆绑两根十字交叉的圆柱时用到的绳结。
- ■每绕一圈就要拉紧一次，然后才能继续绕下一圈。
- ■开始和完成时都要用到双套结（见第105—106页）的打法。
- ■确保第一个双套结要在横杆下方系打。
- ■为使绳结变得牢固，围绕编结再打两个半圈（扎圈）。

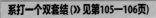

1 系打一个双套结 (» 见第105—106页)

自后

2

向前

自后

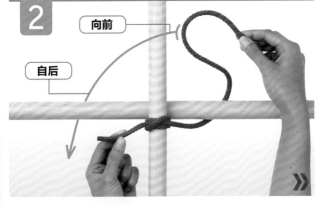

»

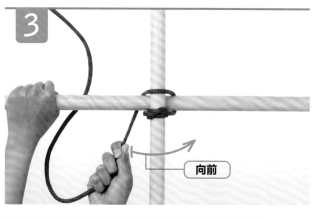

3

向前

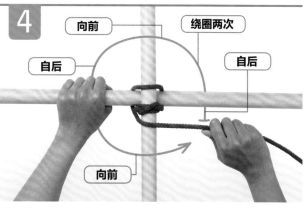

4

向前　　　　绕圈两次

自后　　　　　　　自后

向前

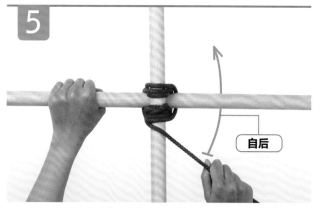

5

自后

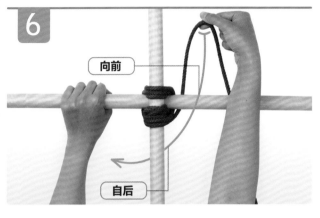

6

向前

自后

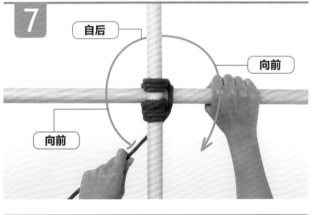

7

自后

向前

向前

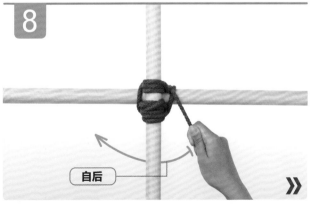

8

自后

》

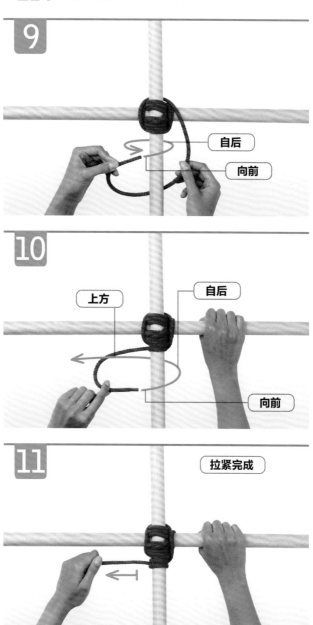

9

自后

向前

10

上方

自后

向前

11

拉紧完成

十字编结

- 连接两根相互交叉的柱子时使用的绳结。
- 开始前，一定要确保留出足够的绳索进行绳结编打。
- 为使绳结变得牢固，围绕编结再打两个半圈（扎圈）。
- 以双套结（见第105—106页）收尾。

1 系打一个系木结 (» 见第111—113页)

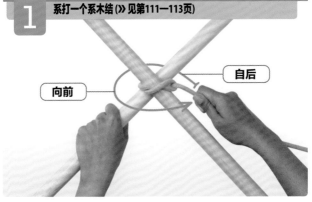

自后

向前

2

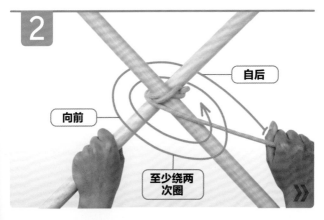

自后

向前

至少绕两次圈

3

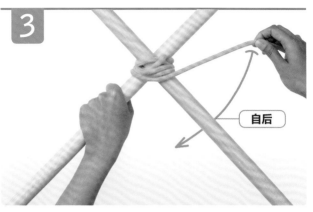

自后

4

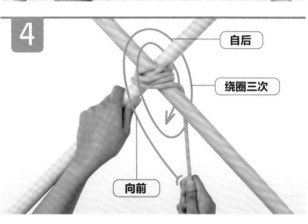

自后

绕圈三次

向前

5

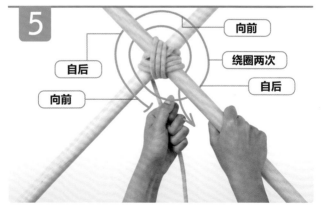

向前

绕圈两次

自后

自后

向前

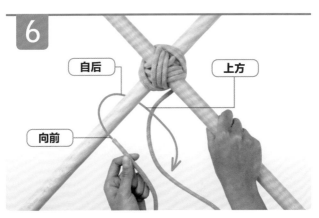

6

自后

上方

向前

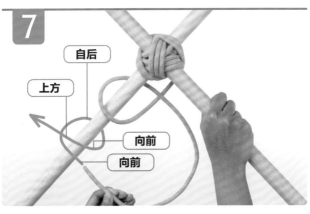

7

自后

上方

向前

向前

8

拉紧完成

实用
园艺绳结

有一些园艺绳结也很实用，从在支架上固定植物的简单工作到用藤条编织格架或在树上悬挂秋千等复杂工作，都免不了要使用绳结。

缩紧结 » 见第109—110页

✓ 适合在没有软管夹的情况下固定软管。

✓ 也适用于将木头类的物品捆绑到一起。

✗ 一旦受力，除非割断，否则很难拆解。

同类绳结：
» **第105—106页
双套结**
» **第114—116页
长蛇结**

展立结 » 见第222—223页

✓ 使用两根藤条编打植物格架的最佳绳结。

✓ 也是用细线将树苗和支撑物捆绑到一起时用到的绳结。

同类绳结：
» **第211—214页
四方编结**
» **第215—217页
十字编结**

旋圆双半结 » 见第 180—181 页

✓ 适用于将绳线系在圆环或圆柱上。

✓ 也适用于在树上悬挂秋千。

✗ 如果用于拴挂秋千，需要在绳子下方放置隔垫以保护树木。

同类绳结:
» 第182—183页 帆脚索
» 第184—185页 渔人索

四方编结 » 第 211—214 页

✓ 适用于制作豆角或番茄类蔬菜的支撑架。

✓ 也可用于制作格子架。

✓ 多打几个扎圈可以使绳结更牢固。

同类绳结:
» 第215—217页 十字编结
» 第222—223页 展立结

系木结 » 第 111—113 页

✅ 一种捆绑树枝的实用索结，受力越大，绳结就会越紧。

✅ 如要在拖拽大件物品或远距离移动物品时绳结更加牢固，可以采用半结收尾的方法。

同类绳结：
**» 见第109—110页
缩紧结**

接绳结 » 第 140—141 页

✅ 连接绳索的最佳绳结，系打容易，几乎不会出现意外散开的情况。

❌ 连接粗细不一的绳索时，需用双重接绳结。

同类绳结：
**» 见第105—106页
双套结**
**» 见第144—145页
双重接绳结**
**» 见第157—159页
渔人结**

展立结

- ■将相邻的两根圆柱捆绑到一起的绳结。
- ■也可作加固受损圆柱之用。
- ■为使绳结牢固,围绕编结再打两个半圈(扎圈)。
- ■开始和结尾都采用双套结的打法(见第105—106页)。
- ■确保开始步骤的双套结要围绕两根圆柱系打。

1 系打一个双套结 (》见第105—106页)

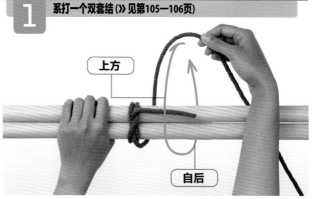

上方

自后

2

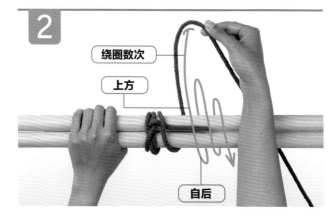

绕圈数次

上方

自后

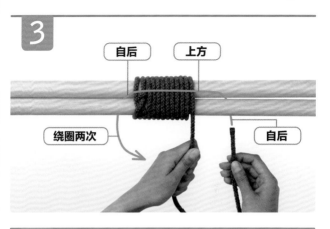

3

自后 上方

绕圈两次 自后

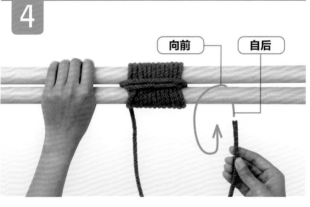

4

向前 自后

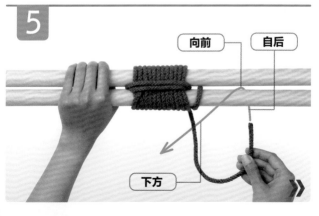

5

向前 自后

下方

6

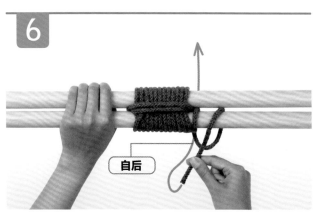

自后

7

拉紧完成

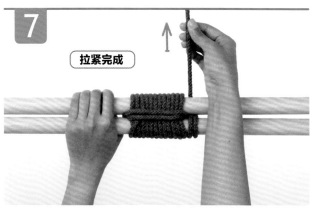

A字形框架编结

- 采用和展立结（见第222—224页）同样的打法。

- 可以当作绳桥的两条支撑杆。

- 绳圈要打得松些，这样才便于将两根圆柱拉成A字形。

冰柱结

■比三套结（见第176—177页）抓力更大。

■适合使用表面光滑的绳子系打。

■为使抓力更大，在开始系打绳结时多绕
　几圈。

■确保最初打的几圈要在十字交叉圈下方
　锁扣。

■用手握住绳子使劲拉拽可以增加绳结
　的牢固性。

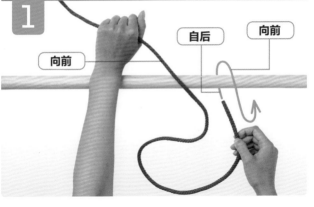

1

向前　　自后　　向前

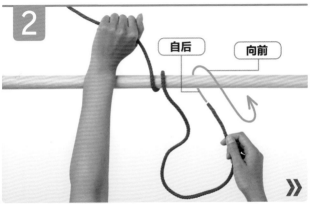

2

自后　　向前

»

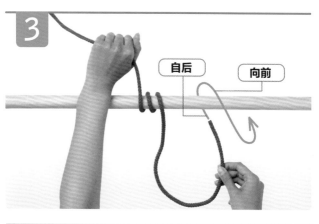

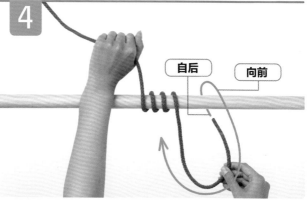

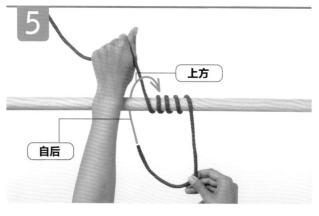

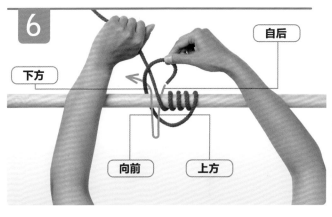

6

自后

下方

向前 上方

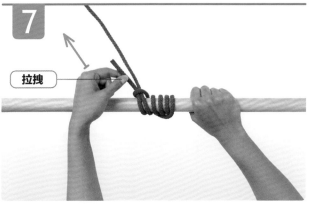

7

拉拽

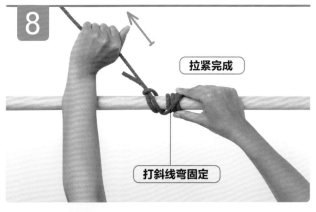

8

拉紧完成

打斜线弯固定

普氏结

- 用于将攀岩绳固定在主绳上。
- 当不受力时，绳结会沿主绳上下滑动。
- 吊索的直径最多是主绳直径的一半。
- 该绳结由奥地利登山者卡尔·普鲁士博士在1931年发明。

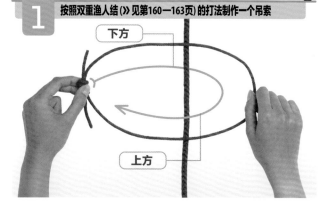

1 按照双重渔人结(» 见第160—163页)的打法制作一个吊索

下方

上方

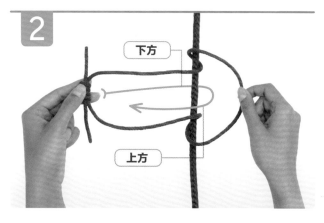

2

下方

上方

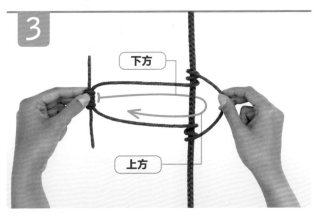

3

下方

上方

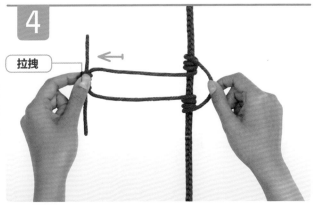

4

拉拽

5

拉紧完成

巴克曼抓结

- ■攀岩者沿固定绳索攀登时所用到的绳结。
- ■当负重时，绳结能牢牢地把住绳索。
- ■只能使吊索受力，岩钉铁环不能受力。
- ■当吊索不能受力时，使用岩钉铁环上下移动绳索。

1 按照双重渔人结（》见第160—163页）的打法制作一个吊索套到铁锁上

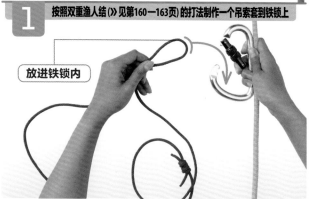

放进铁锁内

2

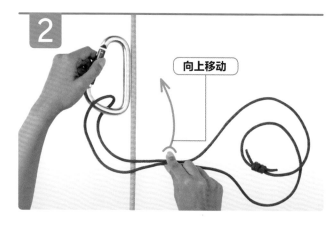

向上移动

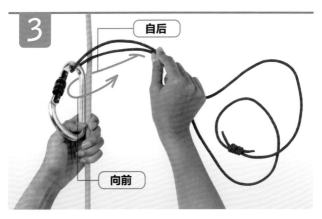

自后

向前

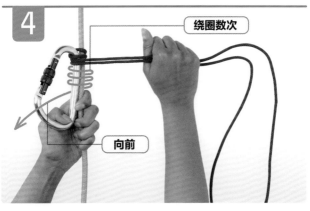

绕圈数次

向前

拉紧完成

克氏结

- 与普氏结（见第228—229 页）的区别在于它可以使攀岩 绳上下移动。
- 适合用柔软的管状攀岩带制作 吊索。
- 制作吊索的绳子直径应至少是 主绳直径的一半。

1 用双重渔人结系打吊索（»见第160—163页）

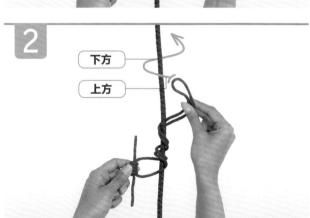

下方

上方

绕绳圈

2

下方

上方

3

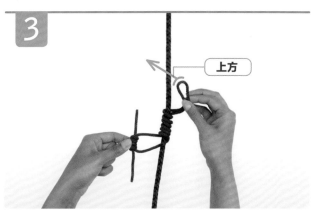

上方

4

上方

下方

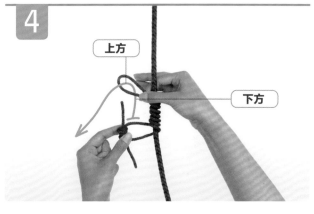

5

拉紧完成

意大利结

- 一种在攀登和下降时控制降速的滑动索结。
- 拉动负重绳（受力的绳索）可使绳结滑动。
- 拉动制动绳可控制绳索滑动的速度。
- 不要将制动绳和负重绳弄混。

1

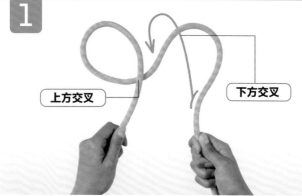

上方交叉

下方交叉

2

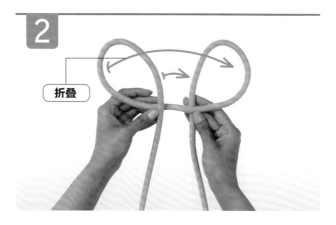

折叠

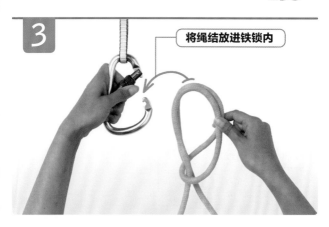

3

将绳结放进铁锁内

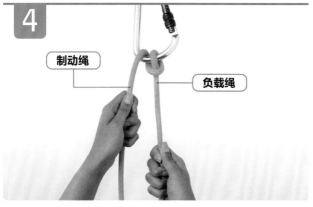

4

制动绳

负载绳

反意大利结

- 在反意大利结中，负重绳和制动绳是颠倒的。

- 制动绳变成了负重绳，反之亦然。

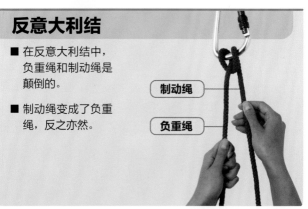

制动绳

负重绳

环结篇

　　环结是指将绳子拴系到环状物体上的一种绳结，例如在吊钩或圆环上，甚至在人的腰部或手腕上系附绳索等。环结还能够连接两条粗细不一的独立绳索。

阿尔卑斯蝴蝶结

■攀岩者将自己捆绑到绳索中部的一种绳结。

■绳结上下都可以受力。

■系打快捷。

1

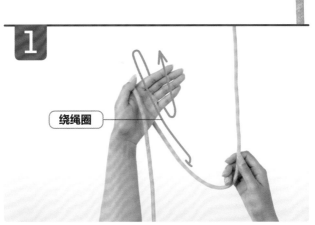

绕绳圈

2

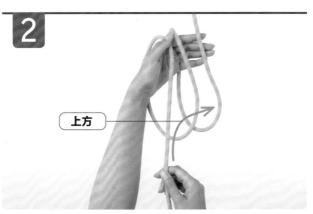

上方

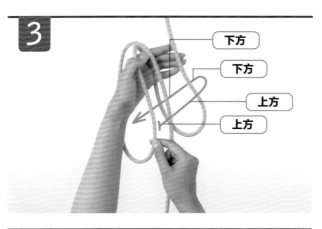

3

下方

下方

上方

上方

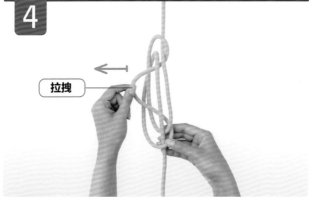

4

拉拽

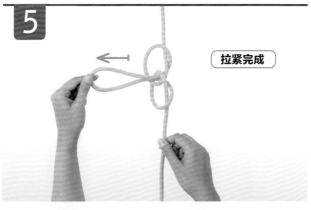

5

拉紧完成

称人结

■一种使用广泛的通用环结。

■系打和拆解都很容易。

■确保绳结系好后留有绳尾。

■打法有两种（见第242—244页）——此打法适用于尾绳开放的绳索。

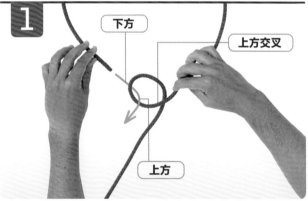

1

下方

上方交叉

上方

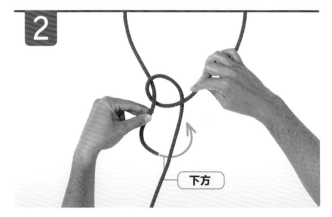

2

下方

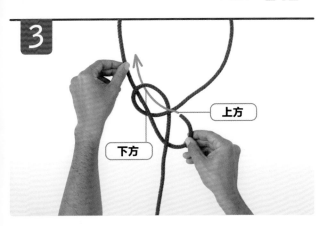

3

上方

下方

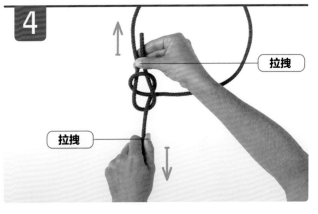

4

拉拽

拉拽

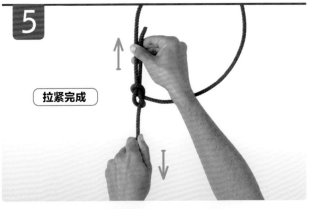

5

拉紧完成

称人结——第二种打法

- 进行帆船驾驶和攀岩等活动时围绕人体腰部系打的环结。
- 确保绳结留有绳尾（短绳头）。
- 最适用于尾绳固定的绳索。

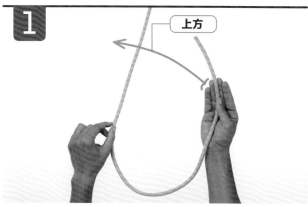

1 上方

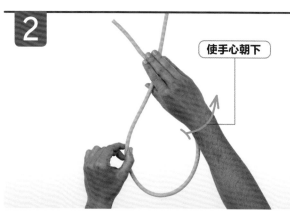

2 使手心朝下

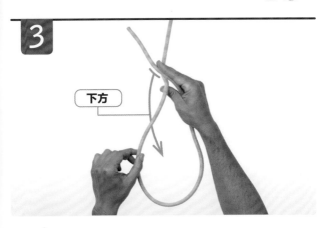

3

下方

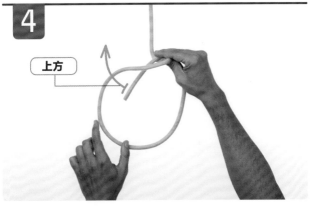

4

上方

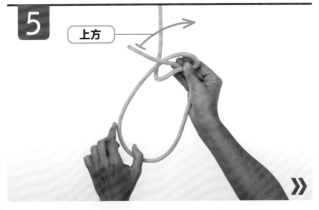

5

上方

≫

6

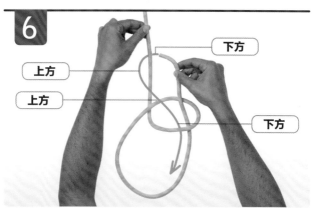

下方

上方

上方

下方

7

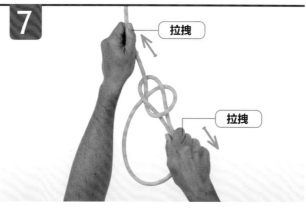

拉拽

拉拽

8

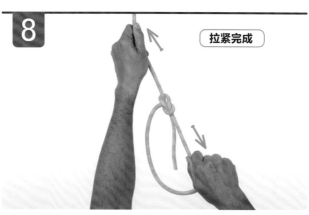

拉紧完成

双套称人结

■一种更加牢固的称人结（见第 240—243页），即再多打一个绳弯。

■确保绳结系打完成时留有绳头（作业端）。

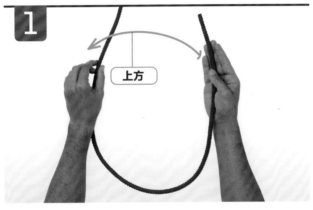

1

上方

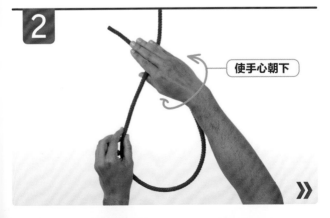

2

使手心朝下

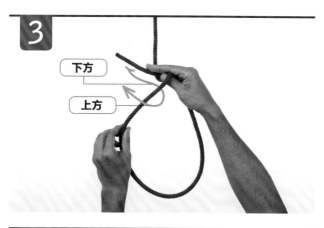

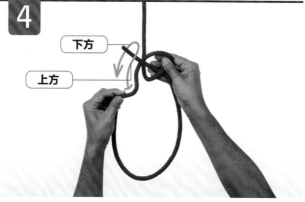

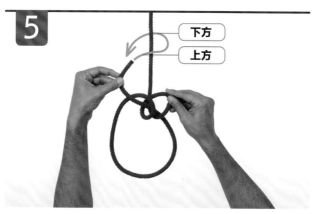

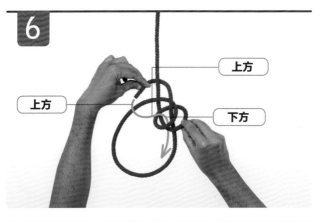

6

上方

上方

下方

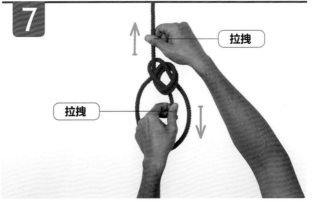

7

拉拽

拉拽

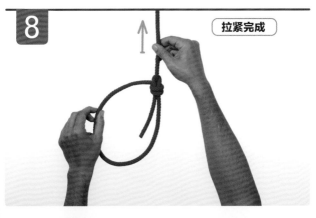

8

拉紧完成

防脱称人结

- 被攀岩者青睐的一种结实的称人结（见第240—243页）。
- 作业绳头围绕绳环系打一个单结（见第28—29页）。

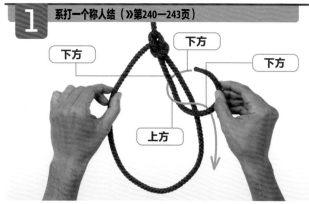

1 系打一个称人结（》第240—243页）

下方　　下方　　下方

上方

2 　　　　　　　　　拉紧完成

八字环结

■一款攀岩者喜爱的、受力适中的环结。

■其特殊的形状便于人们检查它的牢固性。

■优质尼龙绳也可以系打。

■也叫作双八字结。

1

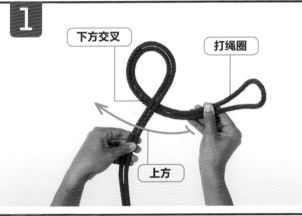

下方交叉

打绳圈

上方

2

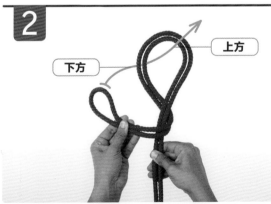

下方

上方

3

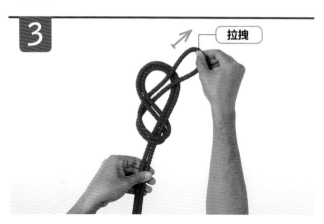

拉拽

4

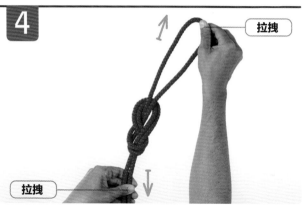

拉拽

拉拽

5

拉紧完成

穿环八字结

- 一种穿过圆环系打的八字环结（见第249—250页）。
- 用以连接攀岩绳和攀岩者背带的绳结。
- 打好的绳结既要整洁还要美观。
- 与称人结（见第240—241页）相比不易拆解。

---

1 系打一个空环八字结（»见第38—39页）

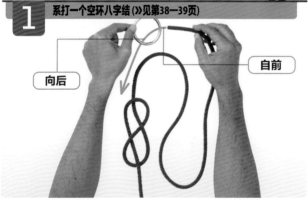

向后   **自前**

2

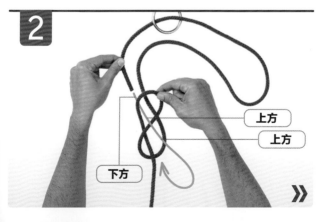

上方

上方

下方

»

3

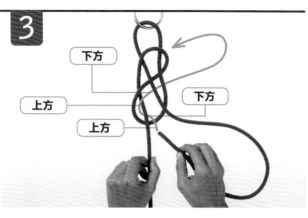

下方

上方

下方

上方

4

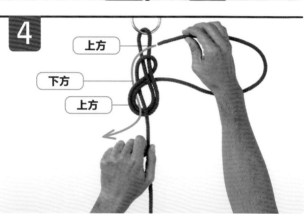

上方

下方

上方

5

拉紧完成

单结绳环

■一种制作固定绳环的简单方法。

■在绳耳上系打一个单结（见第28—29页）即可。

■不易拆解。

1

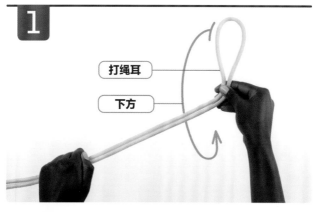

打绳耳

下方

2

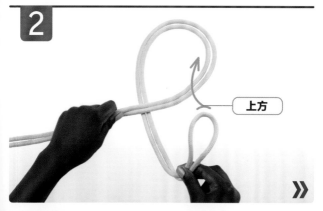

上方

»

3

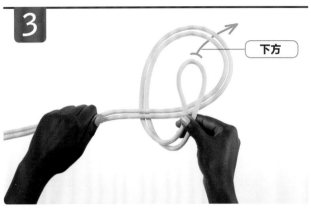

下方

4

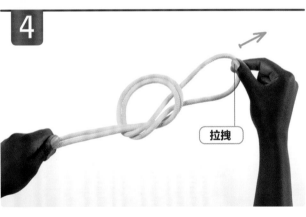

拉拽

5

拉紧完成

双重单结绳环

■适用于所有类型的细绳索或绳线，例如鱼线。

■采用和双重单结（见第32—33页）同样的打法，但绳子的长度要双倍。

■不易拆解。

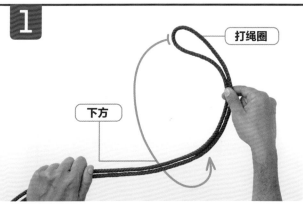

1

打绳圈

下方

2

下方

上方

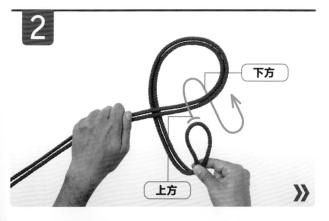

»

3

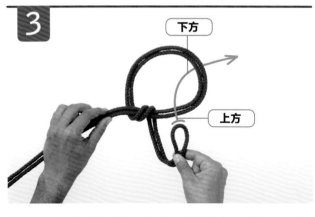

下方

上方

4

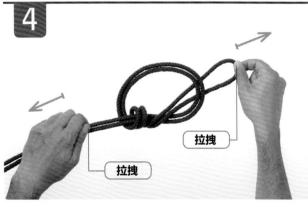

拉拽

拉拽

5

拉紧完成

双重单结
滑动环

■适用于将鱼线固定到鱼钩上或
　将线绳拴系到眼镜上的绳结。

■绳结要打得整洁美观才能确保
　其滑动自如。

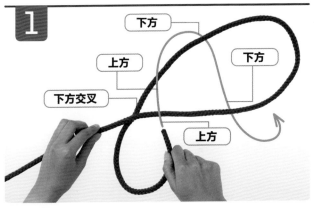

下方

上方 　　　下方

下方交叉

上方

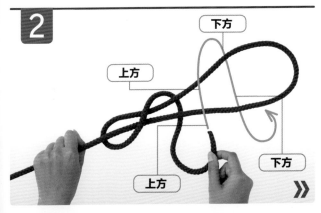

下方

上方

下方

上方

»

3

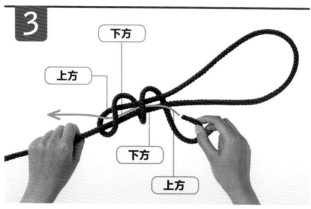

上方　下方　下方　上方

4

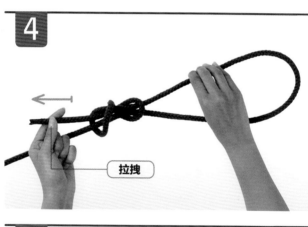

拉拽

5

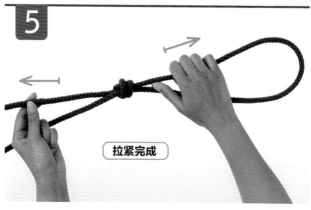

拉紧完成

双重称人结

- ■一种结实，能够负重的双重环结。
- ■独立的两个固定绳环可以分别发挥作用。
- ■系打和拆解都很容易。
- ■可以从绳索中部系打。

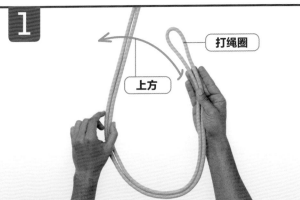

1

上方

打绳圈

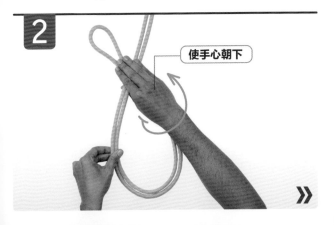

2

使手心朝下

»

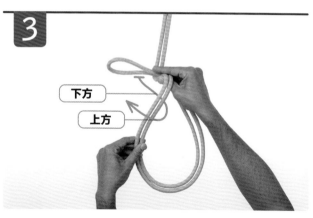

下方

上方

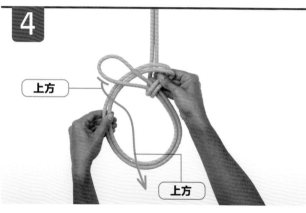

上方

上方

上方

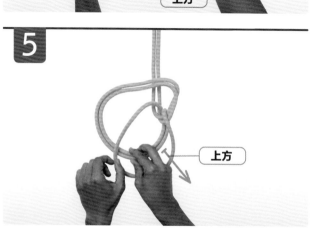

上方

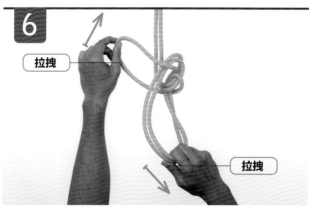

6

拉拽

拉拽

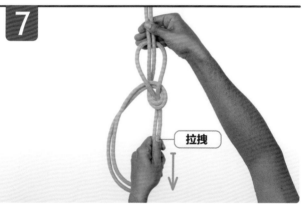

7

拉拽

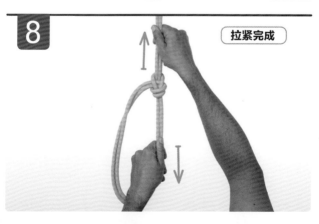

8

拉紧完成

葡萄牙称人结

- 用于快速系打两个可调节绳环。
- 为防止在使用时两个绳环大小比，一定要使之受力均匀。

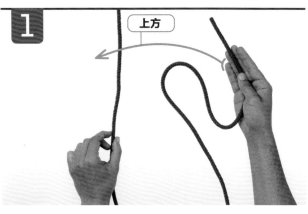

1

上方

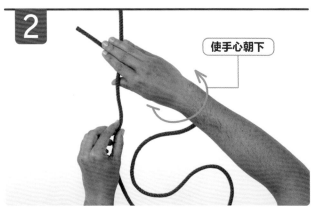

2

使手心朝下

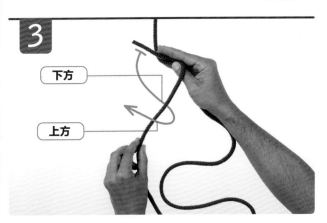

3

下方

上方

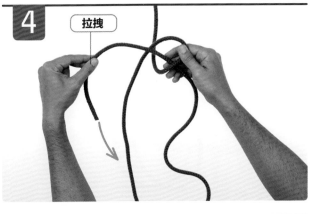

4

拉拽

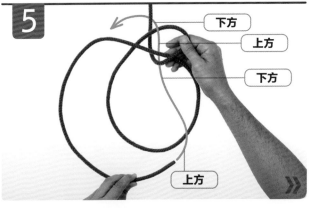

5

下方

上方

下方

上方

6

上方　下方

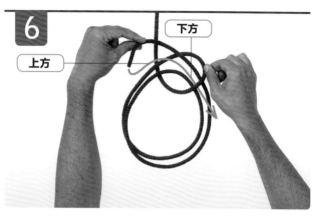

7

拉拽　拉拽

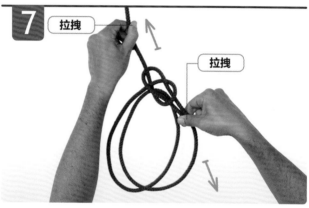

8

拉紧完成

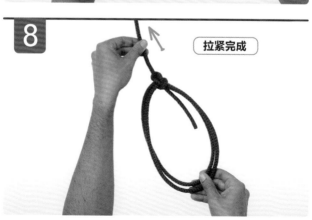

西班牙称人结

- 称人结（见第240—243页）的一种变形。此结中包含了两个位置被锁定的可调节绳环。
- 可以从绳索中部系打。
- 两个绳环的受力一定要均匀。

1

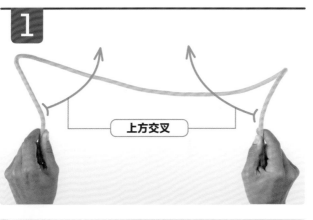

上方交叉

2

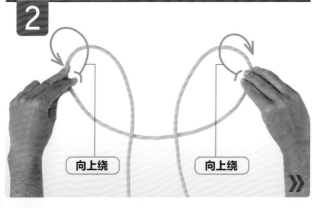

向上绕　　　向上绕

3

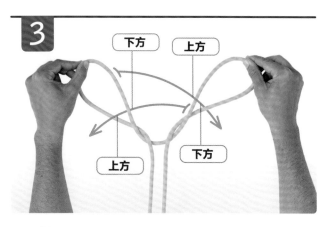

下方　上方

上方　下方

4

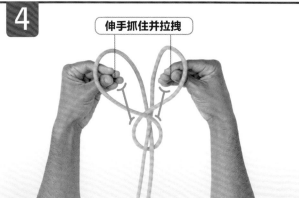

伸手抓住并拉拽

5

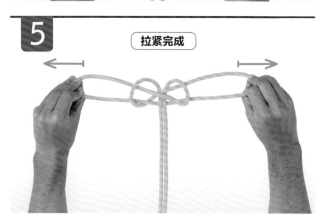

拉紧完成

钓鱼结

■使用细绳系打固定绳环最为理想的绳结。

■也可使用松紧带（减震绳）系打。

■系打快捷。

■由于拆解困难，不适用于厚绳索。

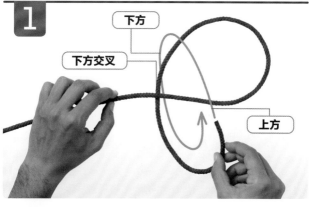

1

下方

下方交叉

上方

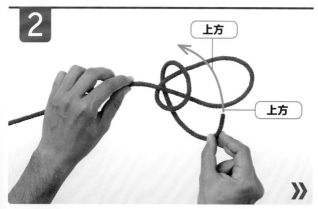

2

上方

上方

»

3

伸手抓住

4

拉拽

5

拉紧完成

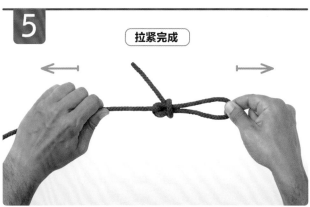

单圈八字环结

- 可从绳索中部系打。
- 系打和拆解都很容易。
- 编打的绳环只能从一个方向拉拽。

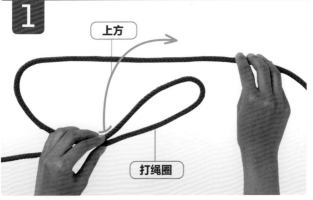

1

上方

打绳圈

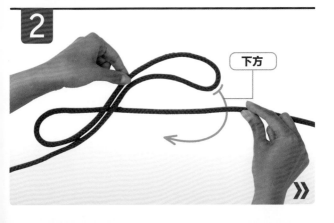

2

下方

3

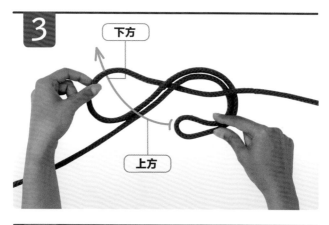

下方

上方

4

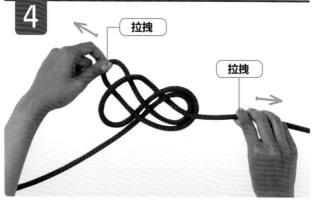

拉拽

拉拽

5

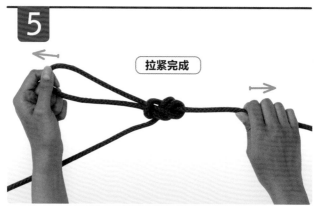

拉紧完成

英式环结

■用于系打固定绳环的绳结。

■打法基于两个单结（见第28—29页）。

■与渔人结（见第157—159页）的打法大致相同。

1

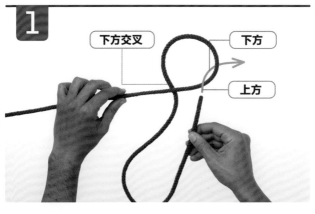

下方交叉　　下方　　上方

2

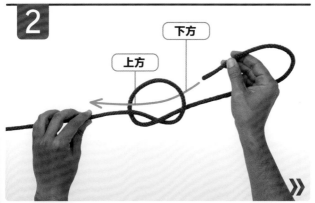

下方　　上方

≫

3

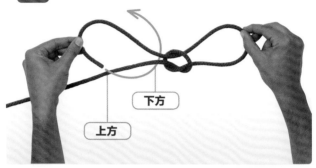

下方

上方

4

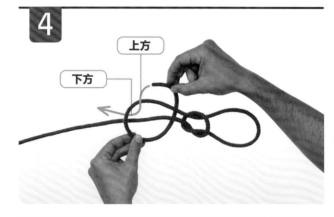

上方

下方

5

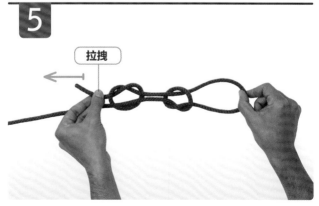

拉拽

6

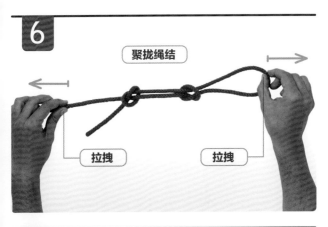

聚拢绳结

拉拽   拉拽

7

拉紧完成

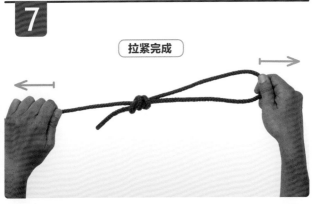

双重英式环结

- 使用光滑绳线时，可以增加绳结的牢固性。

- 两个单结（见第28—29页）只需分别再多打一遍，便成了双重英式环结。

- 仅适用于较细绳索或线绳。

实用
垂钓绳结

能够将绳线固定到鱼钩上是一项基本的垂钓技能。一些垂钓绳结只适合用特定粗度和材质的绳索系打，牢记这一点十分重要。

帕洛玛尔结 » 见第 209—210 页

☑ 适合在没有软管夹的情况下固定软管。

☑ 也适用于将木头类的物品捆绑到一起。

☑ 一旦受力，除非割断，否则很难拆解。

同类绳结：
**»第105—106页
双套结**
**»第114—116页
长蛇结**

血结 » 见第 168—171 页

☑ 通常被钓鱼者使用，可以将两条细尼龙绳连接在一起。

☑ 受力大。

☑ 把鱼线弄湿有助于系紧绳结。

同类绳结：
**»见第157—159页
渔人结**
**»见第160—163页
双重渔人结**

八字环结 »见第249—250页

✓ 一种能够快速系打的绳结——特别是使用优质鱼线的时候。

✓ 由于它容易打结,还特别结实,所以备受钓鱼者的青睐。

✗ 不易拆解,尤其在线湿的情况下。

同类绳结:
»见第253—254页
单结绳环
»见第255—258页
双重单结绳环

鱼钩结 »见第205—206页

✓ 一种捆绑鱼线干净又结实的方法。

✓ 既能在铲头钩(无眼鱼钩)也能在带眼鱼钩上捆绑。

✓ 把鱼线弄湿可以使鱼线捆绑得更紧。

同类绳结:
»见第207—208页
弯头结
»见第208页
改良弯头结

血滴结 »见第278—279页

✅ 使用短绳系打的环结，旨在捆绑额外的鱼饵。

✅ 绳环与绳线间呈直角有助于防止缠绕。

同类绳结：
»见第160—163页
双重渔人结
»见第168—171页
血结

比咪尼缠绕结 » 见第 280—282 页

✅ 一种使用各种鱼线系打的结实长环。

✅ 只要打法正确，绳结不会滑动。

❌ 需要两个技巧娴熟的人共同完成。

同类绳结：
»见第255—258页
双重单结绳环
»见第269—270页
双八字环结

血滴结

■在绳子一旁系打绳环是为作捆绑飞蝇和鱼
饵之用。

■需在绳索尾端系打。

■把鱼线弄湿有助于系紧绳结。

1

下方

上方

绕圈至少10周

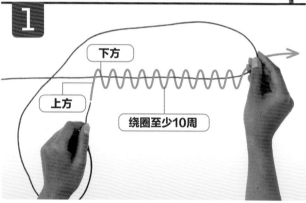

2

下方

打开绳环

上方

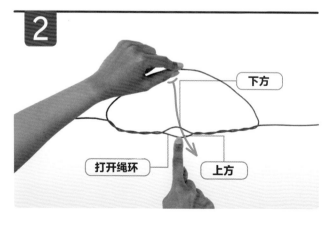

3

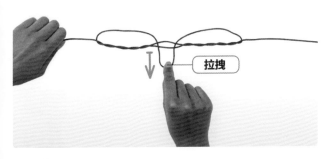

拉拽

4

拉拽　　　　　拉拽

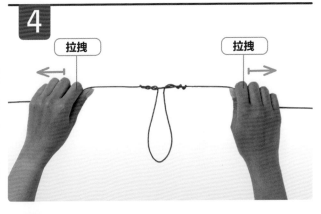

5

拉紧完成

比咪尼缠绕结

■最初是为了深海捕鱼而发明的绳结。

■适用于辫带式和单丝两种鱼线。

■可以在鱼线尾部系结实的长绳环。

■需要两个以上技巧熟练的人共同系打。

1 对折成双线

手掌顺时针搓绕

2

打开绳环

3

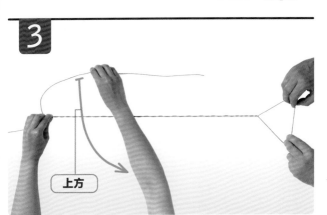

上方

4

拉拽

围绕结身打圈

拉拽

5

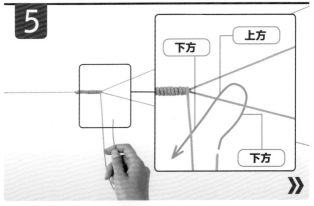

下方

上方

下方

»

6

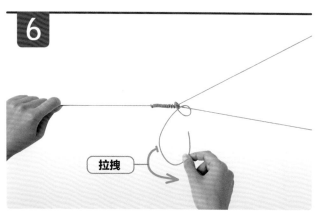

拉拽

7

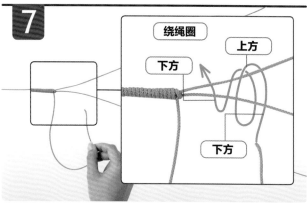

绕绳圈

上方

下方

下方

8

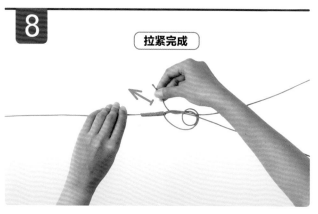

拉紧完成

织网的基本方法

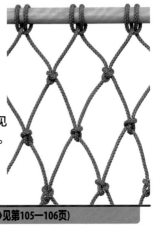

■一种广泛使用的织网和修网技巧。

■织网时，需要使用织网梭子（见第19页、284页）缠绕绳线。

■使用直径大约是网眼粗度一半的木条作量规来确保网格间隔的均匀。

1 围绕柱子系一个双套结（» 见第105—106页）

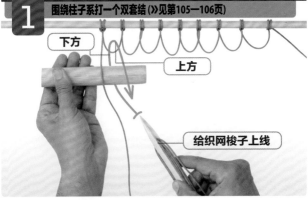

下方

上方

给织网梭子上线

2

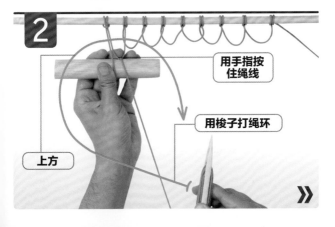

用手指按住绳线

用梭子打绳环

上方

»

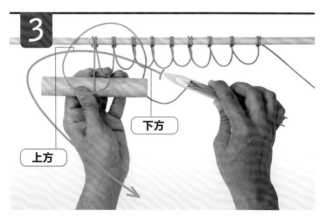

3

下方

上方

4

按要求重复步骤

拉拽

织网梭子上线技巧

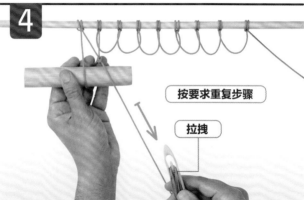

- 在梭子中央用细线围绕梭针打一个半结。

- 将长线头甩到梭针另一边的下方备用。

- 围绕梭针绕圈缠线，一圈下来绳线位于梭针下方，然后再缠下一圈，反复缠绕直到完成。

吊货网结

- ■适合用粗绳系打方格网。
- ■可以使用长绳和短绳混合系打。
- ■长绳需垂直放置，短绳则水平放置。

1

下方

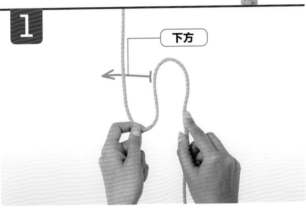

2

下方

下方

上方

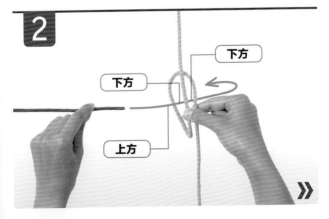

»

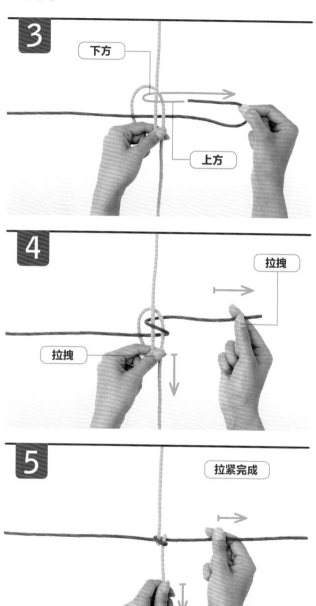

3

下方

上方

4

拉拽

拉拽

5

拉紧完成

桅杆结

- ■一种系打多个环结的简单技巧。
- ■不宜使用粗绳系打。
- ■不易拆解。

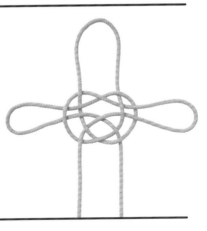

1

下方交叉

2

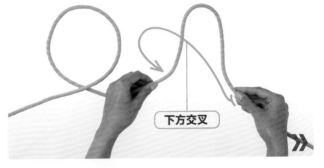

下方交叉

3

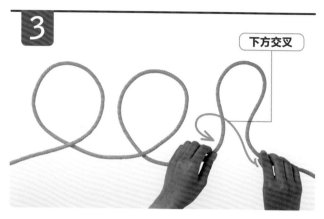

下方交叉

4

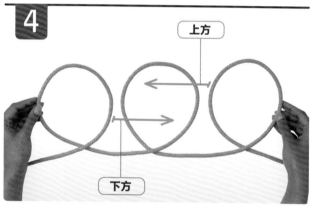

上方

下方

5

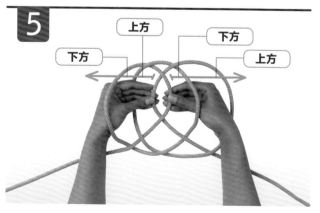

上方

下方

下方

上方

6

拉拽　　　　　拉拽

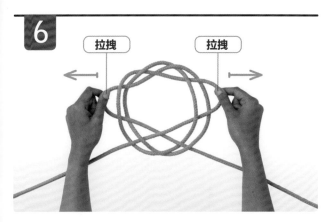

7

将绳环拉出

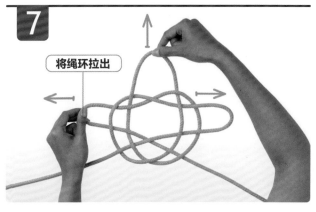

8

整理完成

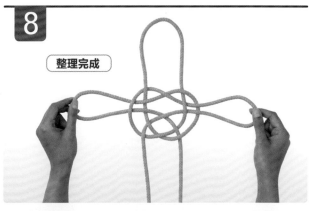

辫绳和
花式编绳篇

辫绳是指将绳子的股线或优质线绳混合编织在一起的绳索，不仅结实而且装饰性强。带有复杂编织图案的绳索叫作花式编绳。

活单结

■一种简单的活结，可从绳子中间或绳子尾部开始系打。

■比单结容易拆解（见第 28—29 页）。

■只要拉拽绳环的短头便可解开。

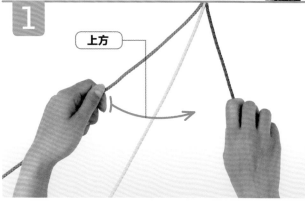

1

上方

2

上方

3

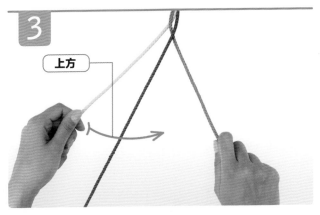

上方

4

按要求重复步骤

上方

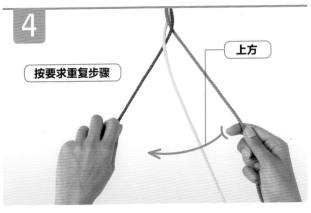

5

捆绑（》见第374—375页）股线绳头后完成

四股平编

■编花不对称的一种编绳。

■比三股平编（见第292—293页）更具装饰性。

■开始编织前，先将股线的一端捆绑固定（见第374—375页）。

■编绳时，随编随拉平系紧。

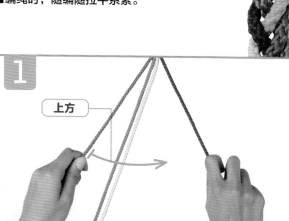

（见第292—293页）

（见第374—375页）

1

上方

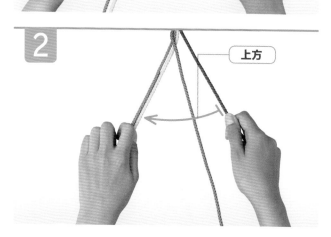

2

上方

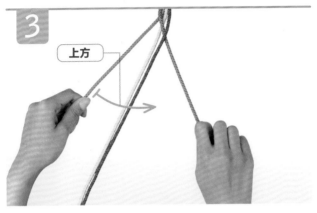

3　上方

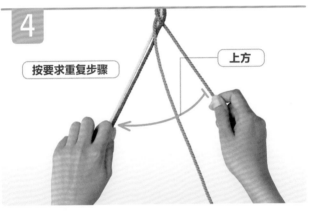

4　按要求重复步骤　上方

5　捆绑（》见第374—375页）股线绳头后完成

五股平编

- 始终使外侧股线与中间股线交叉。
- 开始编织前，将股线一端捆绑固定（见第 374—375 页）。
- 编绳时，随编随拉平系紧。

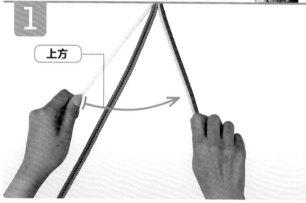

上方

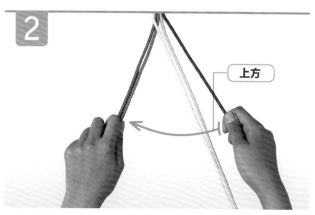

上方

3

上方

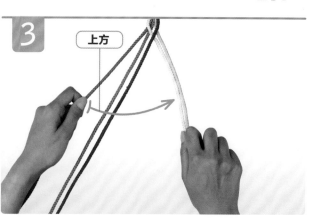

4

按要求重复步骤

上方

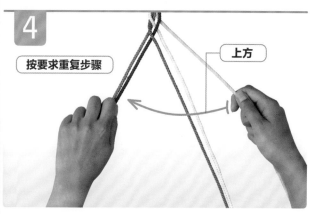

5 捆绑（》见第374—375页）股线绳头后完成

六股平编

■始终使外侧股线与中间股线交叉。

■开始编织前，将股线一端捆绑固定（见第 374—375 页）。

■编绳时，随编随拉平系紧。

1

上方

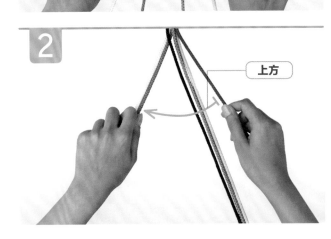

2

上方

3

上方

4

按要求重复步骤

上方

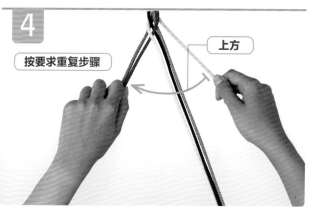

5 捆绑（》见第374—375页）股线绳头后完成

七股平编

■一种粗大的、编花不对称的装饰性编绳。

■使用股线最多的实用编绳。

■开始编织前,将股线一端捆绑固定(见第374—375页)。

■编绳时,随编随拉平系紧。

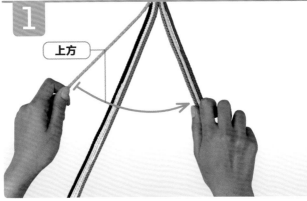

上方

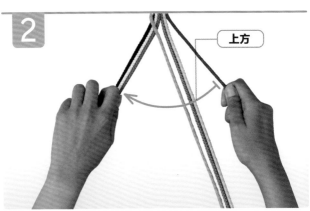

上方

3

上方

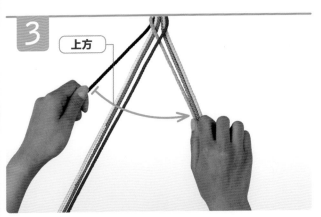

4

按要求重复步骤

上方

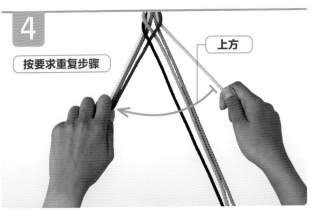

5 捆绑（》见第374—375页）股线绳头后完成

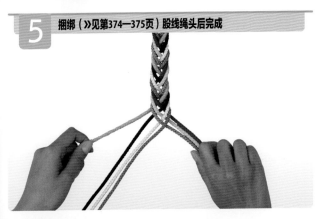

实用
礼物绳结

有许多种绳结不仅具有装饰作用，而且还很实用。另外，它们本身也是一件既美观又实用的礼物。

猴拳结 » 见第49—53页

✓ 一种装饰性的球形绳结，完全可以被当作钥匙链来使用。在绳尾绑扎（见第387—389页）一个圆环即可拴系钥匙。

✓ 也可以用作门挡——仅需一条长绳便可系打，最后别忘在绳结中心放置一个重物。

同类绳结:
» 见第62—71页
扶手结

织网的基本方法 »
见第 283—284 页

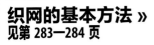

✓ 可以编织出经久耐用的网子。

✓ 织好的网子可大可小，可以用于存储物品，甚至当作吊床。

✗ 必须使用织网梭子（见第19页）编织。

同类绳结:
» 见第285—286页
吊货网结

同心结 » 见第 80—81 页

✓ 众多绳结中代表两人永结同心的绳结。

✓ 装裱一下，便可成为不错的结婚礼物。

✓ 由两个独立单结（见第28—29页）连锁而成。

同类绳结：
» 见第82—84页
水手结

方冠编绳 » 见第
330—331 页

✅ 制作手镯或腰带时用到的绳结。

✅ 装饰效果强,而且编法相对简单。

✅ 在编绳中心放置一个物体即可当作钥匙链来使用。

同类绳结:
**»见第327—329页
六股圆冠编绳**

打花箍——四股五圈 »
见第 128—132 页

✅ 用于制作装饰性巾圈。

✅ 也可用平编方法制作小巧的席垫或杯垫。

✅ 在绳结里层涂抹上PVA胶可使绳结变硬。

同类绳结:
**»见第117—123页
打花箍——三股
四圈**

椭圆形编垫 » 见第
311—315 页

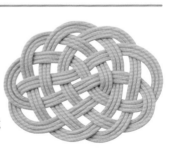

✅ 可以用作杯垫、桌垫或门垫。

✅ 最好使用细绳编打杯垫或桌垫,用粗绳编打门垫。

✅ 图案可以按需要进行双倍或三倍编打。

同类绳结:
**»见第306—310页
海洋编垫**

海洋编垫

■一种制作装饰性席垫的编法。

■为便于收尾时调整形状和拉紧，编织过程中绳子要保持松弛。

■如要编织较大的垫子，需按此图案步骤进行两倍、三倍、四倍甚至五倍编打。

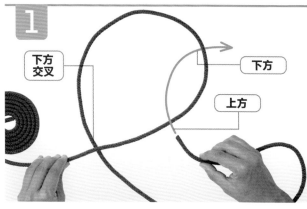

1

下方交叉　　下方

上方

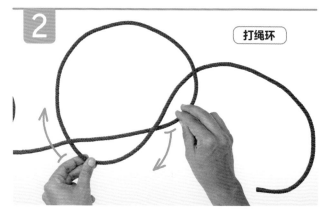

2

打绳环

3

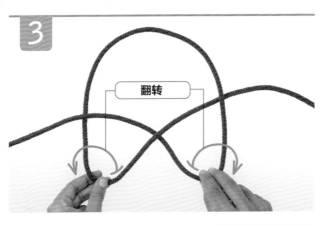

翻转

4

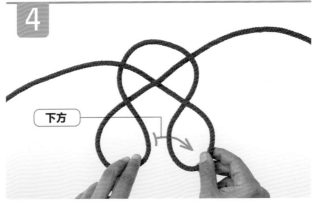

下方

5

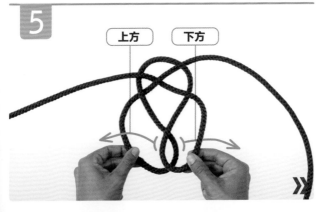

上方　　下方

6 使交叉的股线对称

7

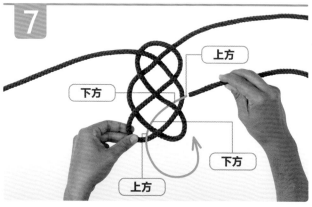

上方

下方

上方

下方

8 使交叉的股线对称

9

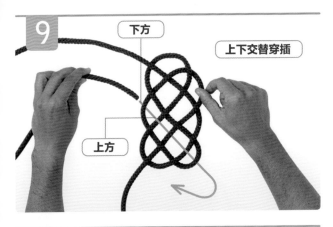

下方

上下交替穿插

上方

10

开始编双倍花

下方

上下交替穿插

上方

11

上下交替穿插

上方

下方

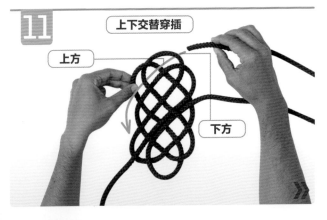

12

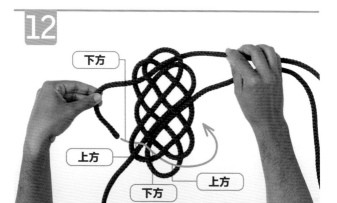

下方

上方

下方　上方

13

上下交替穿插

上方

下方

14

重复步骤再来一遍或整理形状、插好线头完成

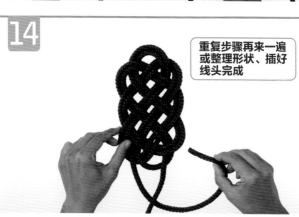

椭圆形席垫编法

■用于制作装饰性席垫。

■适合用细绳制作桌垫，用粗绳制作门垫。

■图案可以进行双倍、三倍甚至多倍编打。

■需要准备大量绳子。

1

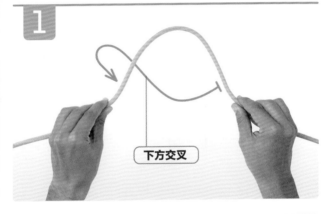

下方交叉

2

下方交叉两次

»

3

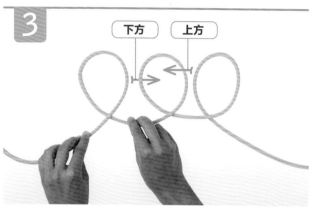

下方　　上方

4

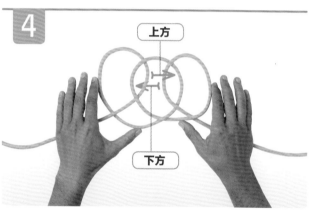

上方

下方

5

打交叉绳圈

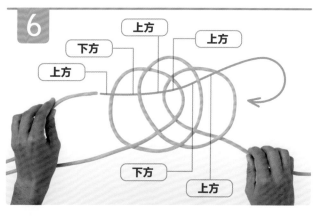

6

上方
下方
上方
上方
下方
上方

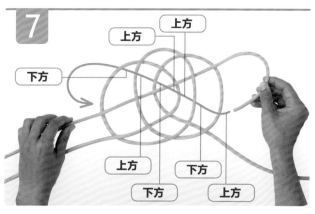

7

上方
上方
下方
上方
下方
下方
上方

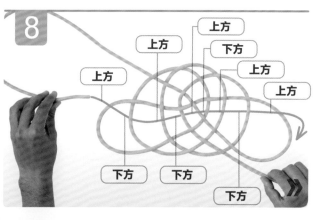

8

上方
上方
下方
上方
上方
下方
下方
下方

9

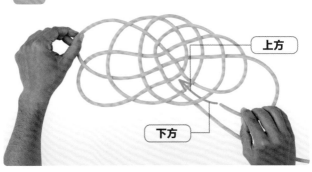

上方

下方

10

绳头要长，开始双倍编打
上下交替穿插

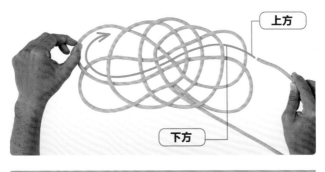

上方

下方

11

下方

上方

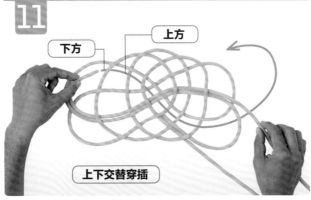

上下交替穿插

12

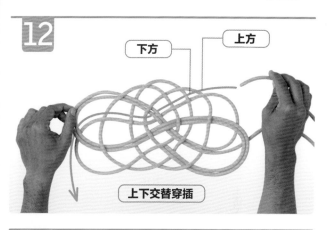

下方　　上方

上下交替穿插

13

上下交替穿插

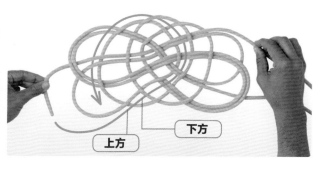

上方　　下方

14

继续编打第三遍或整理、插好绳头收尾

链式编绳

■ 一种制作连锁绳环以使绳子变短的方法。

■ 也是被攀岩者使用，以防止绳子缠绕的编绳。

■ 每编一步都要拉紧才能编下一步。

■ 也叫作鼓手编绳。

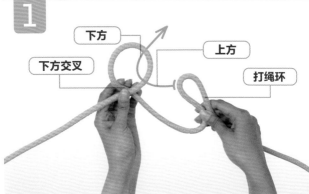

下方

下方交叉

上方

打绳环

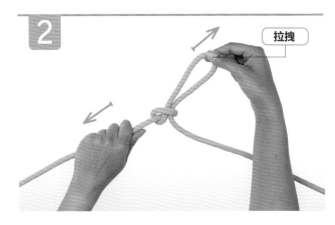

拉拽

3

打绳环

4

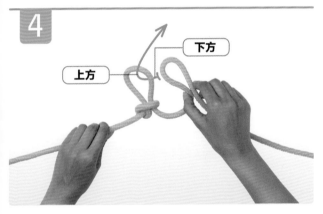

上方

下方

5

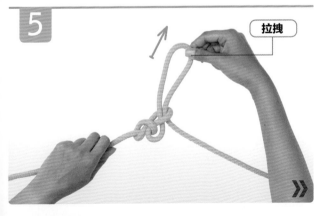

拉拽

»

6

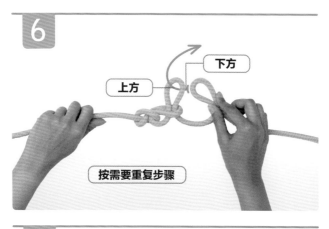

上方　下方

按需要重复步骤

7

插入绳头锁死

上方

下方

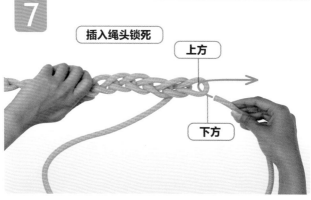

8

拉紧完成

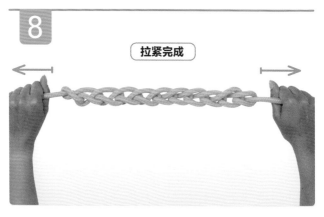

四股圆编

- ■最简单的圆编辫绳。
- ■先把股线的一端捆绑固定（见第374—375页）再开始编打。
- ■编绳过程中所有股线都要拉紧。
- ■确保作业绳头不缠绕。

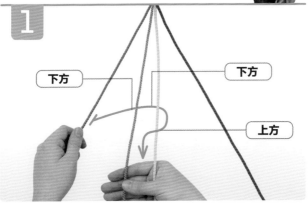

1

下方　　　下方

上方

2

下方　　　下方

上方

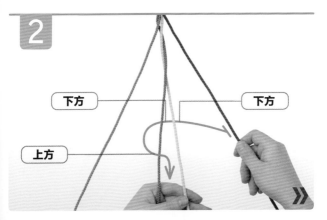

3

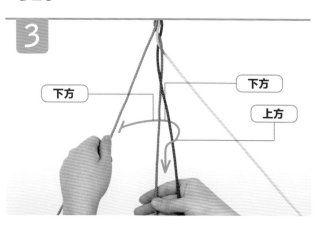

下方

下方

上方

4

按要求重复步骤

下方

下方

上方

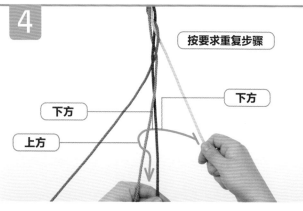

5 捆绑（》见第374—375页）剩余股线完成

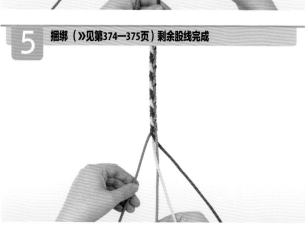

八股方编

■极具装饰性的一种编绳。

■先把股线的一端捆绑固定（见第374—375页）再开始编打。

■始终保持外侧股线与中间股线交叉。

■如果编织中断，确保再开始时起点正确。

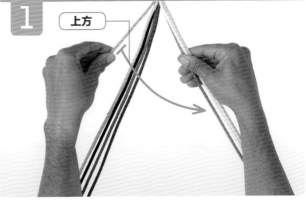

1 上方

2 上方

»

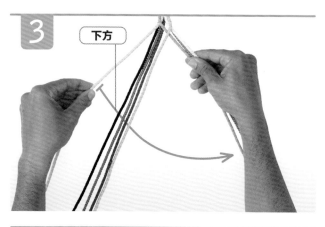

下方

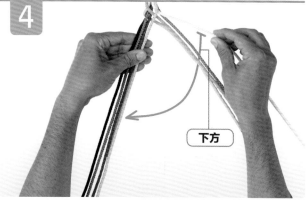

下方

上方

6

上方

7

下方

按要求重复步骤

8 捆绑（»见第374—375页）剩余股线完成

圆冠编绳

- 能使普通绳子摇身变成漂亮结实的辫绳的方法。
- 由一系列的皇冠结（见第 54—55 页）组合而成。
- 先把股线的一端捆绑固定（见第 374—375 页）再开始编打。

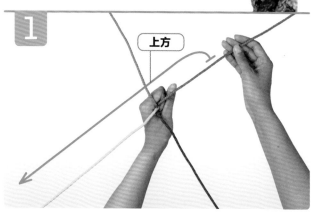

上方

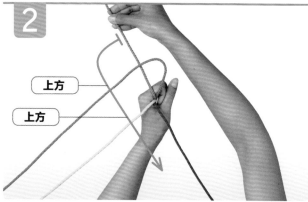

上方

上方

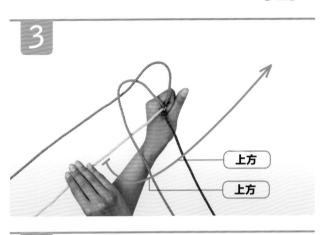

上方

上方

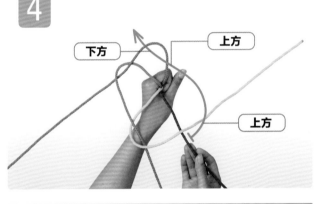

下方

上方

上方

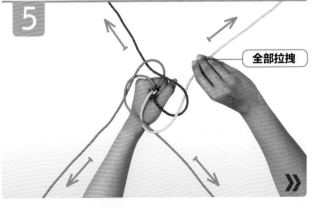

全部拉拽

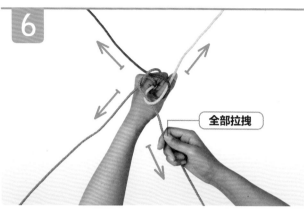

6

全部拉拽

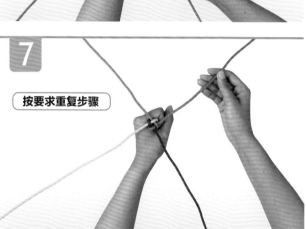

7

按要求重复步骤

圆冠编绳——四股双线

- 双线代替单线可以制作较大的编绳。

- 采用与圆冠编绳（见第324—326页）图案相同的编法。

六股圆冠编绳

■一种用于编织圆柱形编绳的方法。

■由一系列皇冠结（见第 54—55 页）组合而成。

■先把股线的一端捆绑固定（见第 374—375 页）再开始编打。

■不宜使用粗绳编织。

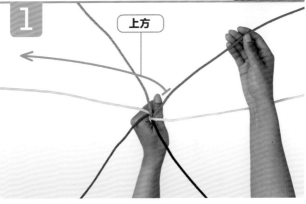

1

上方

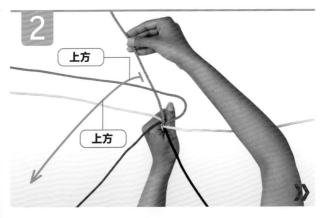

2

上方

上方

3

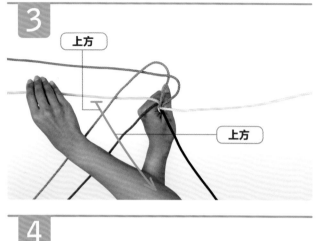

上方

上方

4

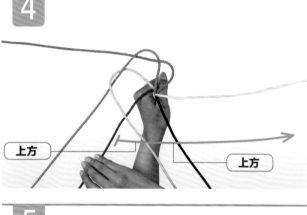

上方

上方

5

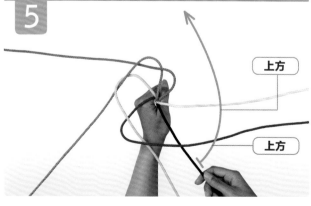

上方

上方

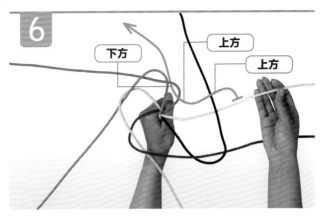

6

下方　上方　上方

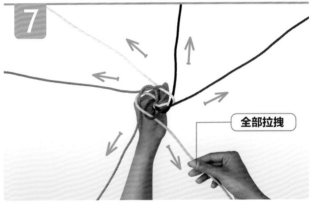

7

全部拉拽

8

按要求重复步骤

方冠编绳

■ 一种制作手镯或索线的装饰性绳结。

■ 交替方向系打皇冠结（见第 54—55 页）。

■ 先把股线的一端捆绑固定（见第 374—375 页）再开始编打。

■ 每打完一个皇冠结就要拉紧，然后才能进行下一步。

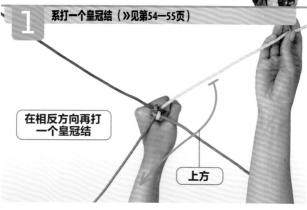

1 系打一个皇冠结（»见第54—55页）

在相反方向再打一个皇冠结

上方

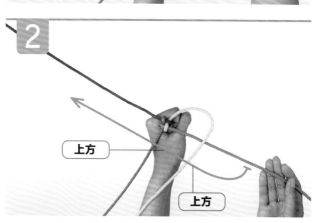

2

上方

上方

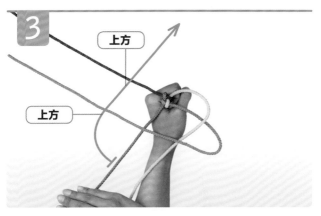

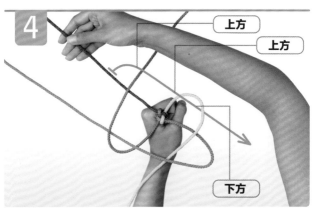

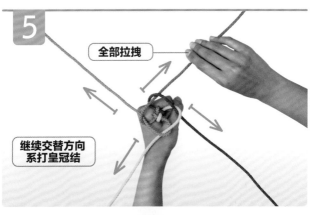

绳尾插接与绳头捆扎篇

绳尾插接是指用股线永久性终止一条绳子或连接粗细相同的两条绳子的方法。绳头捆扎是指将绳子端头捆绑以防止其松散的方法。

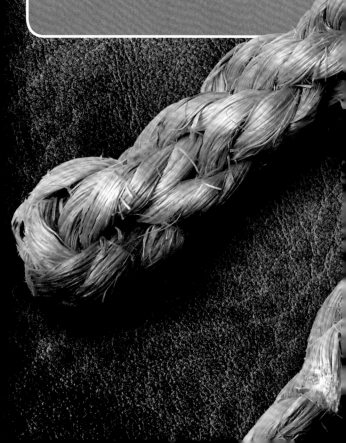

反穿结

- 一种永久性终止绳尾的绳结。
- 绳尾直径会增加1/3。
- 使用股线系打皇冠结（见第54—55页）前，确保在绳尾留出一定长度的股线。
- 先把股线的一端捆绑固定（见第374—375页）再开始编打。

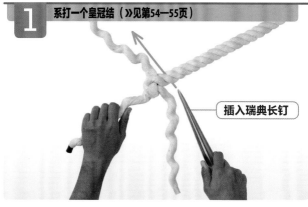

1 系打一个皇冠结（»见第54—55页）

插入瑞典长钉

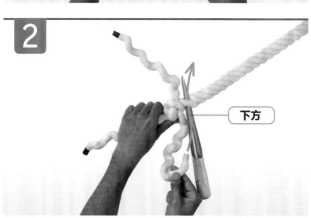

2

下方

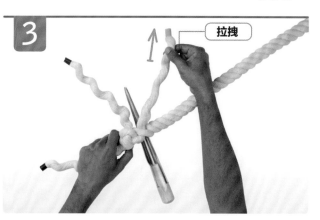

3　拉拽

4　插入瑞典长钉

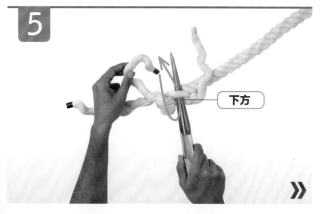

5　下方

»

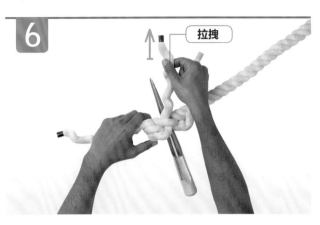

6 拉拽

7 插入瑞典长钉

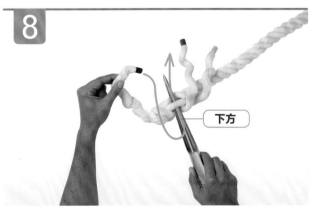

8 下方

9

拉拽

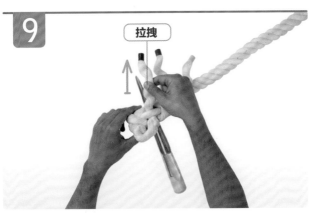

10

整理股线

11

按以上步骤再打第二遍

插入瑞典长钉

12

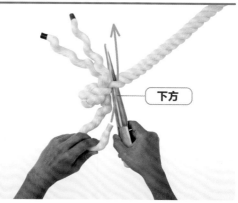

下方

13

拉拽

14

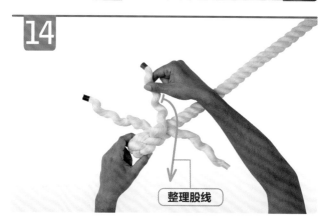

整理股线

插入瑞典长钉

下方

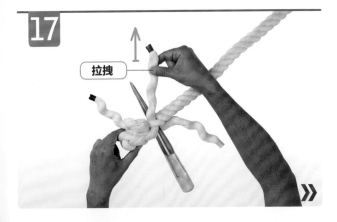

拉拽

18

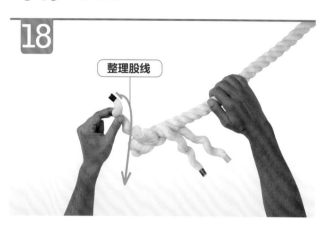

整理股线

19

插入瑞典长钉

20

下方

21 拉拽

22 进行最后一遍拼接

23 整理完成

牛眼结

- ■在三股绳尾端系打的永久性绳环。
- ■自始至终绳子都要拉紧。
- ■天然绳索至少要连续系打三遍，人造绳索比较滑，所以至少要打五遍。

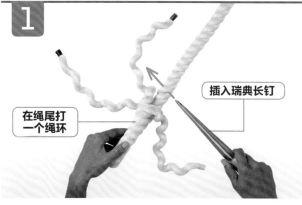

1

在绳尾打一个绳环

插入瑞典长钉

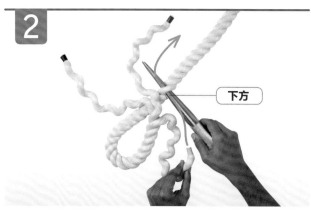

2

下方

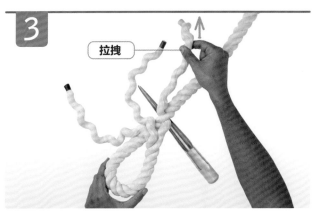

3

拉拽

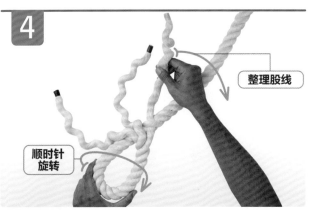

4

整理股线

顺时针
旋转

5

下方

》

6

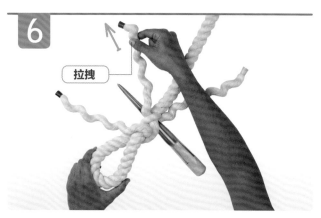

拉拽

7

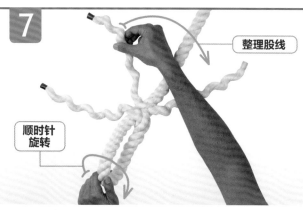

整理股线

顺时针
旋转

8

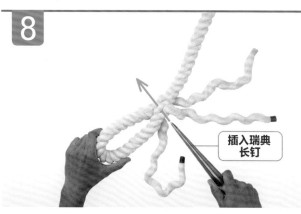

插入瑞典
长钉

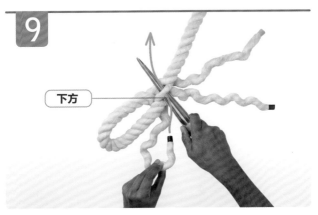

9

下方

10

拉拽

11

整理股线

»

12

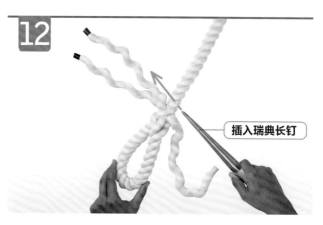

插入瑞典长钉

13

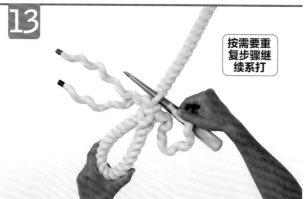

按需要重复步骤继续系打

14

整理完成

串联结

■一种永久性连接两条粗细相同的绳索的方法。

■会使绳索变粗。

■如有必要，可以使绳结接头逐渐变细（见第364—369页）。

■使用长钉或瑞典长钉（见第19页）可以轻松分开股线。

■使用天然绳索，要连续系打三遍，人造绳索则要打五遍。

1

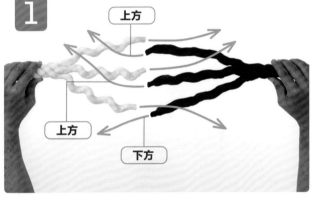

上方

上方

下方

2

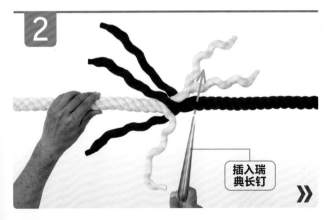

插入瑞典长钉

»

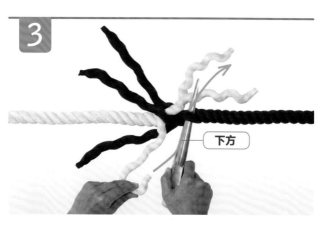

3

下方

4

拉拽

撤出瑞典长钉

5

将绳子转向体侧

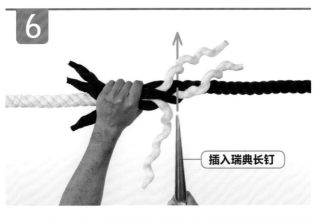

6

插入瑞典长钉

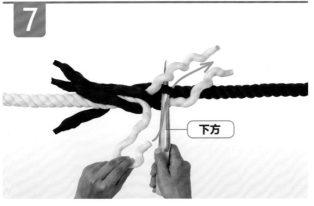

7

下方

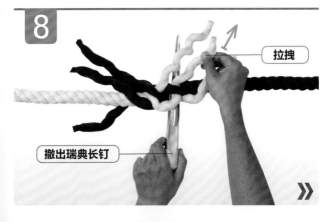

8

拉拽

撤出瑞典长钉

»

9

将绳子转
向体侧

10

插入瑞典长钉

11

下方

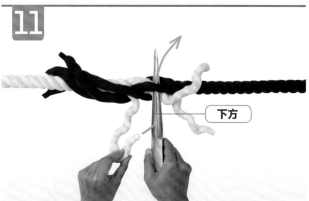

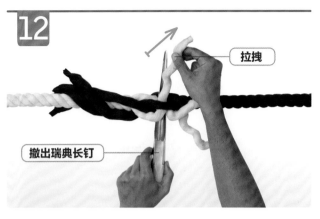

12 拉拽

撤出瑞典长钉

13 将绳子转向体侧

14 插入瑞典长钉

15

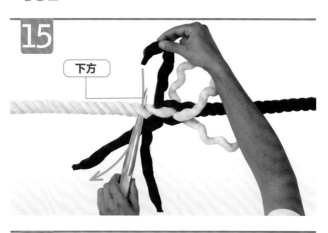

下方

16

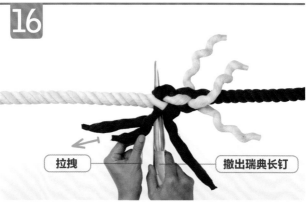

拉拽 — 撤出瑞典长钉

17

将绳子转向体侧

插入瑞典长钉

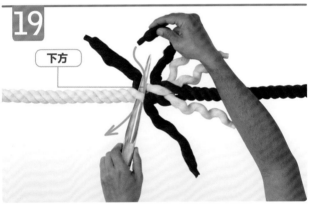

下方

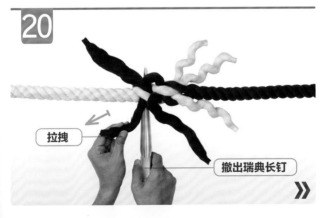

拉拽

撤出瑞典长钉

»

将绳子转向体侧

插入瑞典长钉

下方

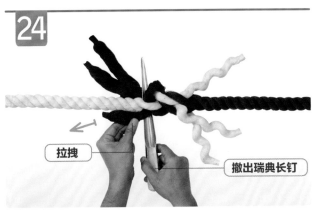

拉拽

撤出瑞典长钉

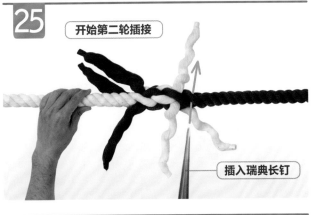

开始第二轮插接

插入瑞典长钉

下方

»

拉拽

撤出瑞典长钉

将绳子转向体侧

插入瑞典长钉

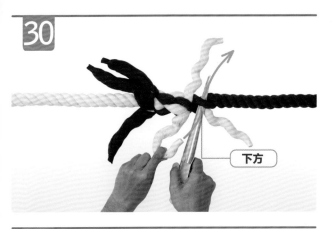

30

下方

31

拉拽

撤出瑞典长钉

32

将绳子转向体侧

33

插入瑞典长钉

34

下方

35

拉拽

撤出瑞典长钉

36 将绳子转向体侧

37 开始第三轮插接

插入瑞典长钉

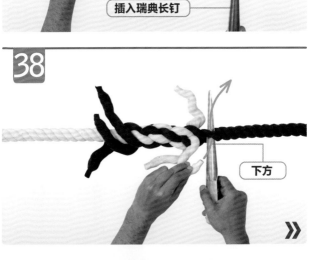

38 下方

»

39

拉拽

撤出瑞典长钉

40

将绳子转向体外

41

下方

插入长钉

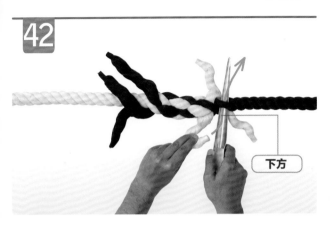

下方

拉拽

将绳子转向体外

45

插入瑞典长钉

46

下方

47

拉拽

撤出瑞典长钉

48

将绳子转向体外

49

从插接部分的另一端继续插接两个轮回

50

整理完成

接头锥化法

■为防止三股绳（见第334—363页）接头松散，此法可使其锥形化。

■用于加固和整理所有种类的绳索接头。

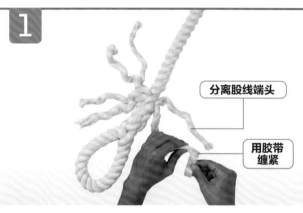

1

分离股线端头

用胶带缠紧

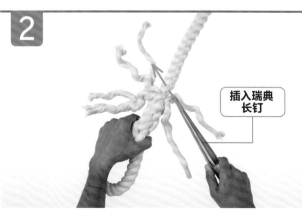

2

插入瑞典长钉

3

下方

4

拉拽

5

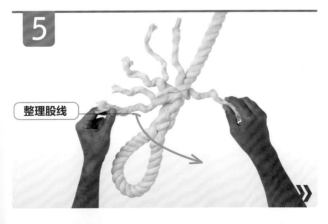

整理股线

6

用胶带缠紧股线端头

7

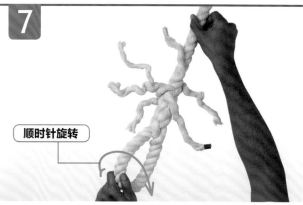

顺时针旋转

8

插入瑞典长钉

9

下方

10

拉拽

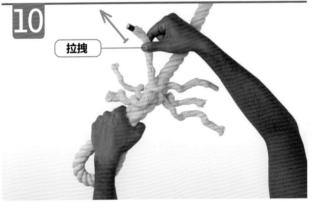

11

整理股线

»

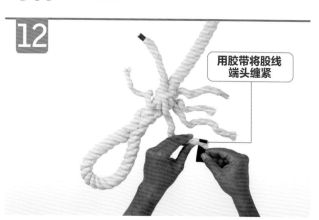

12 用胶带将股线端头缠紧

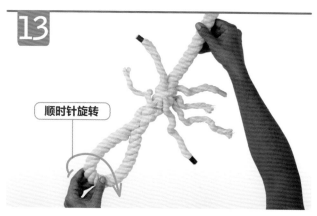

13 顺时针旋转

14 插入瑞典长钉

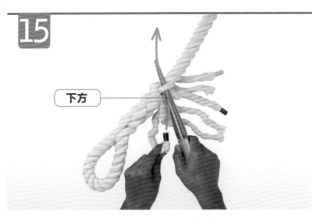

下方

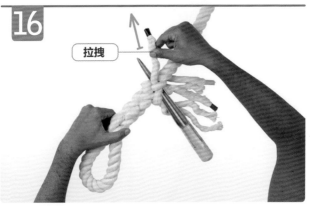

拉拽

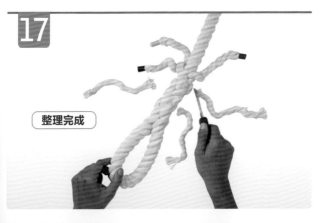

整理完成

实用
套马绳结

骑手使用绳结的机会很多，比如牢稳地拴马会用到绳结、固定卡子、拴系皮带和织带、给马套缰绳及固定马鞍时，绳结都将必不可少。

牛眼结 » 见第342—346页

✅ 提供了一个既整洁又可靠的制作绳环的方法，通过绳环来固定连接绳卡。

✅ 需要从绳子末端开始插接，完成后可以拉拽、拖动或抬起。

✅ 也可用于制作缰绳。

同类绳结:
**» 见第334—341页
反穿结**

反穿结 » 见第334—341页

✅ 也叫作绳端固定结，这是为防止绳子两端松散而将绳端固定的一种方法。

✅ 也可用作绳子两端的绳柄。

同类绳结:
**» 见第342—346页
牛眼结**

旋圆双半结 » 见第 180—181 页

☑ 一种拴马既快速又牢稳的方法 —— 系打的单环可以使绳索承受巨大的拉力。

☑ 即使受力巨大，也能快速拆解。

同类绳结:
» 见第182—183页
帆脚结
» 见第184—185页
渔人索

水结 » 见第 172—173 页

☑ 一种有效连接缆绳上的扁皮带和织带的方法。

☑ 也可用于修复断裂的缆绳。

☑ 非常结实可靠。

同类绳结:
» 见第157—159页
渔人结

牧童结 » 见第 201—202 页

✓ 用于将马系在马栓或围栏上的绳结，且便于拆解。

✗ 容易松散，因此放马前必须要系一个锁环扣将绳结拉紧。

同类绳结:
**»见第180—181页
旋圆双半结**

三股平编 »见第292—293页

✓ 简单易打，并且长度可以随意延长。

✓ 可用此法将马鬃和马尾编成辫子，再用橡皮筋系住，起到装扮的作用。

✓ 还可以用橡皮筋系上丝带，增加装饰效果。

同类绳结:
**»见第294—295页
四股平编
»见第296—297页
五股平编**

普通绳头结

■可以防止绳头部分的磨损。

■最简单的绳头结打法。

■给缠线打蜡可以轻松地将绳环拉拽到捆绑圈的下方。

■收尾时，系一个杠杆结（见第199—200页）可以防止捆绑线划伤手指。

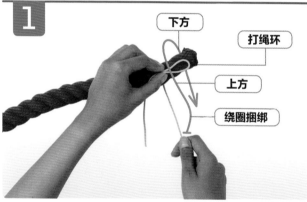

1 下方 / 打绳环 / 上方 / 绕圈捆绑

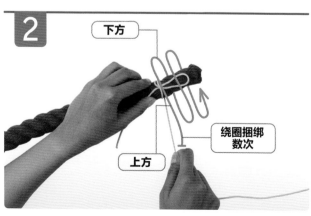

2 下方 / 上方 / 绕圈捆绑数次

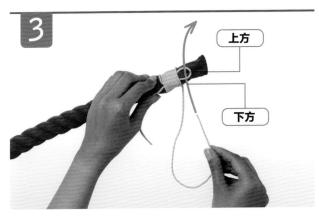

3

上方

下方

4

拉拽绳环至捆绑圈的下方

5

拉紧整理完成

法式绳头结

■一种用于防止绳头松散的装饰性绳头结。

■也可用于缠绕扶手或工具手柄以增强握力。

■由一系列半结（见第23页）构成，需顺着一个方向系打。

■开始前先用一个单结（见第28—29页）将缠线固定到绳子上。

1 用单结（»见第28—29页）固定缠线

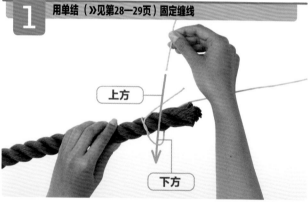

上方

下方

2

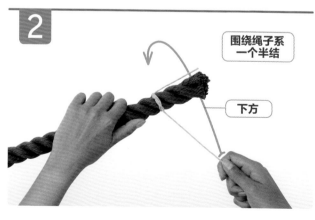

围绕绳子系一个半结

下方

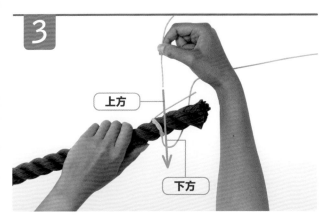

3

上方

下方

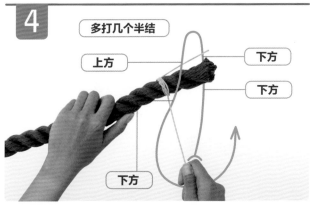

4

多打几个半结

上方 下方

下方

下方

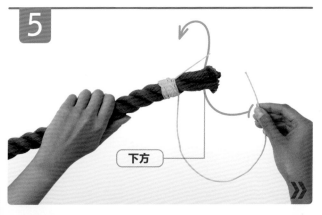

5

下方

6

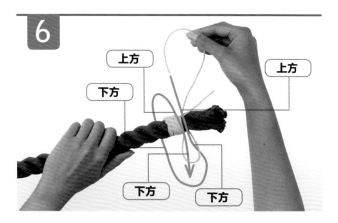

上方

上方

下方

下方　下方

7

拉拽

8

拉紧整理完成

帆工绳头结

- 一种捆扎三股绳头的最稳固的绳结。
- 只能在绳头处系打。
- 捆绑的粗度必须约是绳子粗度1.5倍。

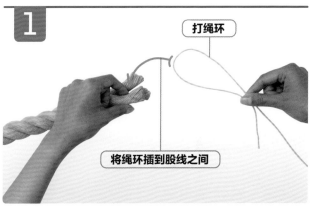

1

打绳环

将绳环插到股线之间

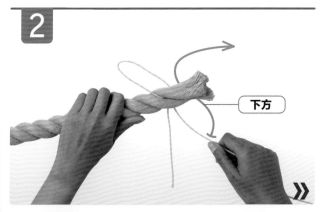

2

下方

3

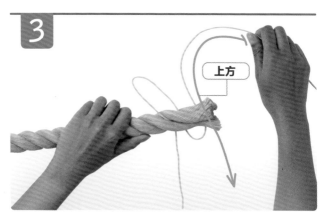

上方

4

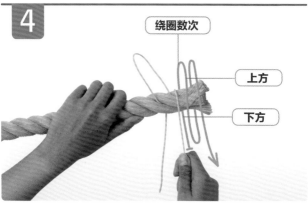

绕圈数次

上方

下方

5

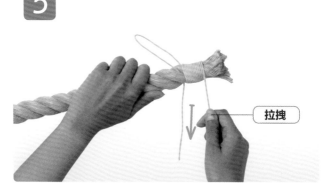

拉拽

6

将绳环插到股线之间

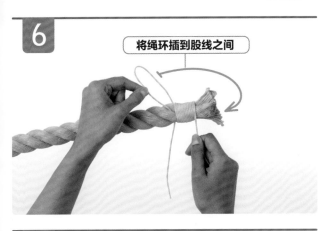

7

拉拽

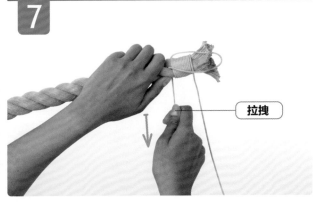

8

拉紧

》

9

将缠线插到股线之间

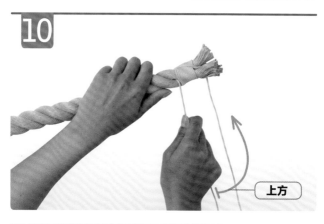

10

上方

打一个缩帆结（»见第85—86页）收尾

11

缝扎绳头

- 固定辫绳绳头的最佳绳结。
- 可以从绳子中部开始缝扎。
- 需要使用手掌顶针与缝针（见第19页）。
- 经常被负责帆桅的海员所使用。

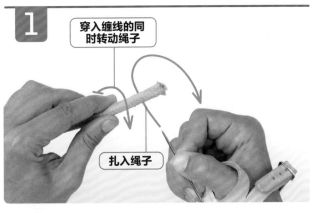

1

穿入缠线的同时转动绳子

扎入绳子

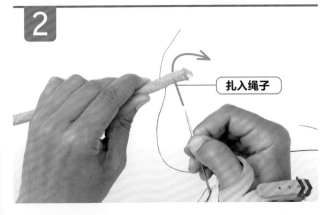

2

扎入绳子

3

将绳子转向体侧

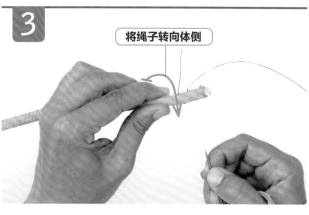

4

用大拇指握住缠线

扎入绳子

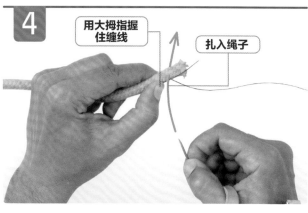

5

绕圈数周以覆盖缝线

下方

上方

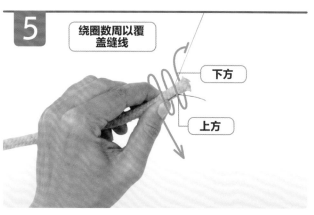

6

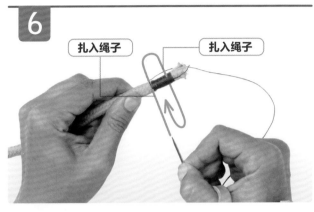

扎入绳子　扎入绳子

7

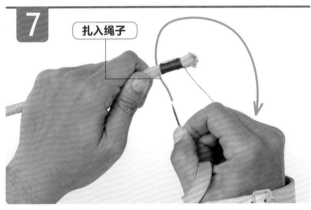

扎入绳子

8

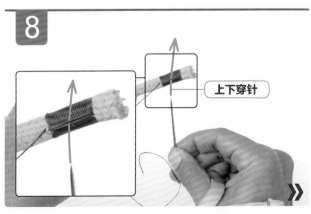

上下穿针

9

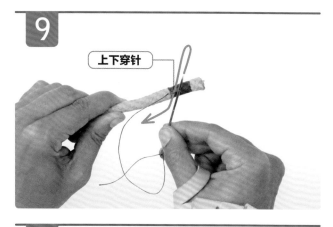

上下穿针

10

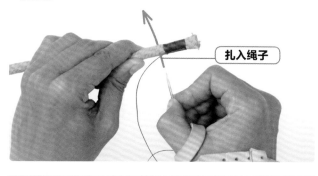

扎入绳子

11

整理完成

捆扎结

- 用于捆绑对折绳索的压紧式绳结。
- 历史上用于捆绑固定在帆船上的粗大绳索。
- 绳结不仅要捆紧还要对称。

1 打一个缩紧结来固定缠线（»见第109—110页）

绕圈捆绑

上方

打绳环

下方

2

绕圈数周

上方

下方

»

3

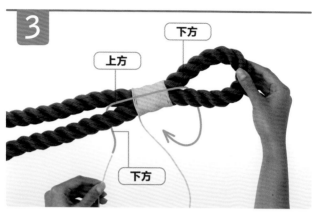

上方　下方

下方

4

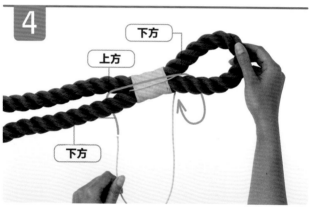

下方　上方

下方

5

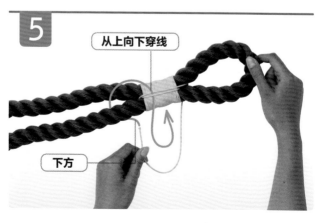

从上向下穿线

下方

6

从下向上穿线

上方

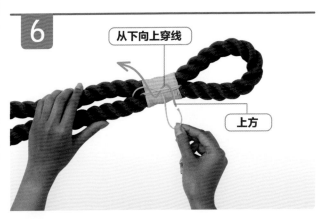

7

拉拽固定

8

拉紧整理完成

缝扎与捆扎结

- 用于在辫绳一端捆扎永久性绳环。
- 需要使用手掌顶针和缝针（见第19页）。
- 先缝扎，再在缝线上进行捆扎。
- 为使绳结更加牢固，可以沿捆扎层再进行缝扎，缝到其一半处即可。

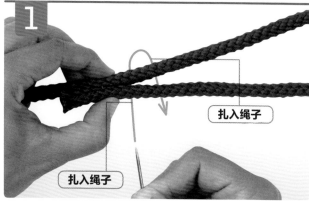

扎入绳子

扎入绳子

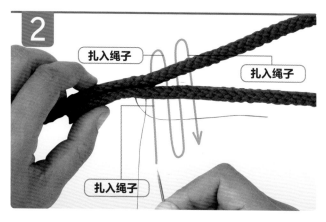

扎入绳子

扎入绳子

扎入绳子

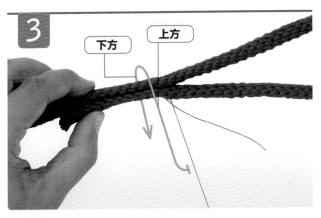

3

下方　上方

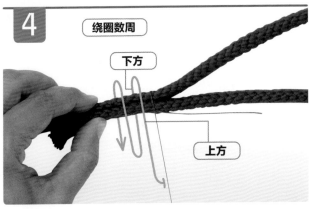

4

绕圈数周

下方

上方

5

扎入绳子

》

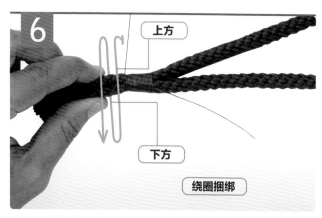

上方

下方

绕圈捆绑

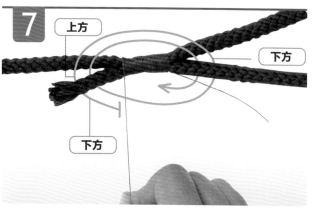

上方

下方

下方

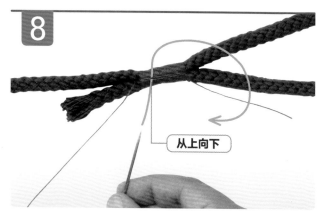

从上向下

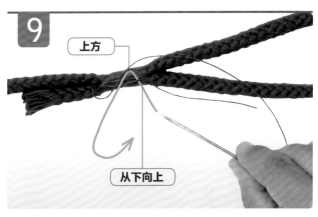

9

上方

从下向上

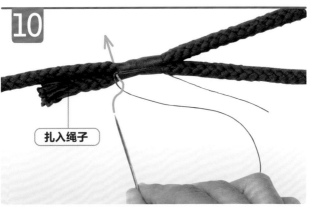

10

扎入绳子

11

整理完成

术语表

　　本书除对所涉及的绳结术语进行了解释之外，还专门提供了攀岩和航海运动方面的绳结术语表。

拴系固定保护绳（Belay）：指攀岩者用绳索将自己固定在另一位攀岩者身上的动作。

绳耳（Bight1）：对折绳子时形成的狭窄绳弯。

绳套（Bight2）：绳结中出现弯曲部分的一侧。

血结（Blood knot）：由许多绳圈构成，用于钓鱼或攀岩运动的绳结。

钩篙（Boat hook）：一端有钩，用来钩住绳索或圆环的竹篙。

结身（Body）：已经打好的绳结部分。

编辫（Braid）：用股线或纱线编织而成，具有规律图案的绳辫。

辫绳（Braided rope）：由股线或纱线编织而成的绳索。

制动绳（Breaking rope）：在下降过程中起控制或限制绳结滑动作用的绳索部分。

磨损（Chafe）：由于与粗糙表面发生摩擦而导致的绳索受损。

系索栓（Cleat）：一种船上系绳用的羊角形系绳装置。

卷绳（Coil）：将绳子卷起或盘绕放置的方式。

绳索（Cordage）：绳索的总称。

绳芯（Core）：位于绳索内部由平行、交错或辫子形状的纤维制成的绳索。

交叉圈（Crossing turn）：指绳索交叉对折时形成的绳圈。

绳环（eye1）：绳结中眼睛形状的绳环。

绳眼（eye2）：绳圈中的孔洞。

眼环（eye3）：在绳索末端系打的眼睛状固定绳环。

鱼钩眼（eye4）：鱼钩末端用于拴系鱼线的孔眼。

硬木钉（fid）：一种分离股线时使用的带有锋利尖头的木质工具。

扎圈（frapping turns）：围绕编结、绳头结或捆扎圈系打的半圈绳弯。

半结（half hitch）：绳索绕经物体或船配件时形成的绳结。系打时将绳子一端与另一端呈90度交叉即可。

硬绳（hard-laid rope）：一种坚硬、紧紧缠绕的三股绳。

引缆绳（Heaving line）：一条比重较轻、连接系船缆的缆绳，主要用于把系船缆拖引到岸上进行固定。

岩钉钢环（Karabiner）：一种带有闭锁装置、在攀岩运动中使用的D字形或椭圆形金属锁。

绞绳（Laid rope）：一种由股线或纱线扭搓而成的绳索。

大直径绳（Large-diameter rope）：直径大于等于24毫米的绳索。

编结（Lash;lashing）：一种固定两条以上并列或交叉的圆柱所使用的捆绑式结绳。

绑扎圈（Lashing turn）：用绳子

捆绑柱子时形成的捆扎绳圈，属编结的一部分。

纹络（Lay）：指制作绞绳过程中扭搓股线的方向。

股数（Lead）：尤指在打花箍时所需的绳股数量。

绳线（Line）：直径小于4毫米的绳子。

吊重绳（Loaded rope）：攀岩绳结中能够受力的绳索部分。

绳环（Loop）：绳子对折时形成的绳圈。

解索针（Marlinespike）：分离股线时普遍使用的尖头金属长钉。

织网梭子（Netting needle）：织网时用于控制绳线的尖头工具。

手掌顶针（Palm）：戴在手上的一种含有金属托的手套式皮带，推动缝针穿入绳索时可以保护手掌。

索具装配工（Rigger）：船只上装配索具的工人。

索具（Rigging）：船只上控制船帆的绳索或桅杆。

单转环（Round turn）：一段绳索绕经整个物体形成的绳环，外加一个半圈。

捆扎结（Seize;seizing）：使用缠线捆扎两条或两段绳索的过程，该术语也指捆绑本身。

绳皮（sheath）：指由股线编织而成、起保护绳芯作用的外层。

帆脚索（Sheet）：控制船帆的绳索。

减震绳（Shock cord）：也叫作松紧绳，指一种拉力大、由橡皮制成的弹力绳，外层有尼龙纤维编织而成的辫绳作绳皮。

吊索（sling）：也被称为环索，指通过用绳子的两端系打渔人结或水结的方式制作的不间断绳圈。

小直径绳索（Small-diameter rope）：直径为4至8毫米的绳索。

铲头钩（Spade end）：指不带眼的鱼钩，钩头为扁平状。

闲置绳尾（Standing part）：指系打绳结过程中闲置不用或留待后用的绳子部分。

瑞典硬木钉（Swedish fid）：一种插接硬绳时用以插编股线端头的空心尖头金属工具。

织带（Tape）：攀岩运动中用以制作吊索的扁平织带。

细绳（Thin line）：直径小于2毫米的绳子。

三股绳（Three-strand rope）：由三条股线拧搓而成的绳索。

插编（Tuck）：将绳子的一部分插入到另一部分下面的做法。

单转弯（Turn）：指绳索绕经物体一侧形成的绳弯。

解股绳（Unlaid rope）：股线已被分离开来的绳索。

绳头捆扎圈（Whipping turn）：捆绑一段绳子的端头时形成的绳圈。

绳头捆扎线（Whipping twine）：一种捆绑绳头时所用的细线，有时是尼龙线。

作业绳头（Working end）：系打绳结时所用到的绳头部分。

负重量（Working load）：一条绳子能够承受的最大负载量。

纱线（Yarn）：拧搓股线时所用的天然或人造纤维。

致谢

关于作者

戴斯·帕森作为世界绳结的权威人士，50多年里一直不断地推出有商业用途的结绳术。帕森著有几部关于绳结和结绳术的书，是国际绳结系打者指南组织的联合创始人。他还因在绳结和结绳业所做的贡献而被授予帝国勋章。

作者致谢

此书能够完成完全得益于团队的合作，我不仅要感谢DK团队和摄影工作室的全体人员，还包括那些几百年来不断系打并将结绳展示给他人的所有人，正因如此，他们被我们永远铭记。此外，我要感谢以往和现在的国际绳结系打者指南组织的成员，是他们激励我不断扩充知识。我还要感谢我的妻子——利兹，我很幸运，在我追求成为绳结艺人梦想的道路上能够得到她的支持和鼓励。总之，对于所有这些人，我都不胜感激。

出版公司致谢

多林金德斯利出版公司感谢迪纳摩的时间付出和帮助。感谢加雷斯·琼斯、雨果·威尔金森、李·威尔森和麦西·佩皮亚特在本书编辑上所给予的帮助，向迈克尔·达菲、菲尔·甘布尔、彼得·劳斯、汉纳·穆尔、曾燕美、达克斯塔·帕特尼和维克拉姆·辛格在本书设计上所给予的支持表示感谢。同时感谢尼古拉斯·布鲁尔帮助我们完成本书的摄影工作。感谢莉莎·比拉勒的模特造型。感谢苏奇斯米塔·班纳吉、玛尼莎·吉纳尔、塔尼亚·马霍尔塔、尼哈·鲁斯·塞缪尔以及马拉维卡·塔鲁德等人为本书出版所做的贡献。

本出版公司想要向以下公司表示感谢，感谢他们对我们复制其图片的许可：

（字母说明：a-上方；b-下方/底部；c-中部；f-远处；l-左边；r-右边；t-顶部）

Alamy图库：fc2/picturesbyrob 189页下图，Corbis公司：比尔·霍顿/cultura 218页,Eyecandy图库/Alloy 304页下图，罗伊·莫施/Flirt 276-277页下图；Dreamstime.com网站：Ildipapp 186页；Getty图库：切尔·毕森/photoliabrary 302页，Jupiterimages/Comstock Images 370页，艾科/Cultura 127下图，伊文·斯克拉/Botanica 220-221页，Indeed/Taxi Japan 274页，Ascent Xmedia/The Image Bank图库 166-167下图
Jacket图像：封面：Corbis: Shift Foto
其他图片全部属DK出版公司所有
想了解更多，请登录www.dkimages.com

国际绳结系打者指南

如果您有兴趣了解更多绳结的系打方法，请登录国际绳结系打者指南网站(www.igkt.net)，这里给您提供了大量绳结系打的信息和资源，并且为您与世界热爱系打绳结的同行们交流提供了平台。